西北工业大学现代国防科技学术文库

现代飞机机翼壁板
数字化喷丸成形技术

杨永红　吴建军　乔明杰　著

西北工业大学出版社

【内容简介】 本书系统地阐述了现代飞机机翼壁板数字化喷丸成形技术与实际应用。全书共分 5 章,内容包括绪论、现代飞机机翼壁板板坯制备技术、现代喷丸成形设备及其性能试验设计、现代飞机机翼壁板数字化喷丸成形工艺设计以及现代飞机机翼壁板外形数字化检测技术。

本书是为从事飞行器制造的工程技术人员、科学研究人员编写的,同时也适用于大专院校有关专业的教学。

图书在版编目(CIP)数据

现代飞机机翼壁板数字化喷丸成形技术/杨永红,吴建军,乔明杰著. —西安:西北工业大学出版社,2012.8
ISBN 978 - 7 - 5612 - 3443 - 3

Ⅰ.①现… Ⅱ.①杨…②吴…③乔… Ⅲ.①机翼—飞机壁板—数字化—表面精整—喷丸 Ⅳ.①V224

中国版本图书馆 CIP 数据核字(2012)第 203077 号

出版发行:西北工业大学出版社
通信地址:西安市友谊西路 127 号　　邮编:710072
电　　话:(029)88493844　88491757
网　　址:www.nwpup.com
印 刷 者:陕西向阳印务有限公司
开　　本:787 mm×960 mm　　1/16
印　　张:15.5
字　　数:196 千字
版　　次:2012 年 8 月第 1 版　　2012 年 8 月第 1 次印刷
定　　价:48.00 元

序　一

技术创新不仅是企业生存与发展的内在需求,也是企业提升竞争力,树立品牌价值,获得持续快速发展的关键所在。随着改革发展的不断推进,中航工业西安飞机工业(集团)有限责任公司正面临关键战略转型期。如何提升企业核心竞争力,更好地融入世界航空产业链,不仅是技术创新需要研究和解决的重要课题,也是企业赋予技术从业人员和各级管理者的重要使命和任务。

机翼是飞机机体制造的关键,突出"机翼制造"特色是中航工业西安飞机工业(集团)有限责任公司的发展战略。而与机翼相关的壁板喷丸成形技术长期被国外垄断并对我国封锁,是制约国内民机发展的关键瓶颈之一。国外以波音和空客为代表的现代民用飞机机翼壁板均采用喷丸成形技术,而我国自主研发的新支线客机机翼也采用先进超临界翼型,因此快速发展和提升现代大型机翼壁板喷丸成形技术成为提高国内航空制造技术水平的关键之一。

机翼壁板喷丸成形技术是一项复杂的系统工程,它不仅涉及数模展开、数控加工、喷丸工艺和外形检测等工艺过程,而且每个过程又包括策划、研究、试验和生产等诸多环节。中航工业西安飞机工业(集团)有限责任公司从20世纪60年代初期就开始对喷丸成形技术进行试验研究,至今已历经几代人的不懈耕耘、勇于创新、集智攻关,累积了丰富的经验和知识,并先后在Y7系列、飞豹系列、MA系列及ARJ21飞机等多个型号中获得应用,形成了具有自主知识产权、特色鲜明、科学系统的工艺技术体系,成为世界上掌握此项技术的几个少数公司之一,有效地提升了企业的核心竞争力。

作为技术创新的主体,中航工业西安飞机工业(集团)有限责任公司通过产学研结合模式攻克了以 ARJ21 飞机为代表的现代飞机机翼壁板数控喷丸成形技术。《现代飞机机翼壁板数字化喷丸成形技术》一书是航空制造行业持续推进技术创新的一个典范,它凝聚了研究团队的心血,该书的出版填补了我国在大型超临界机翼整体壁板数控喷丸成形技术方面的空白,展示了中航工业西安飞机工业(集团)有限责任公司的大中型民用飞机机翼壁板工程化制造能力,以及其形成的技术研究体系也为我国大飞机研制提供了重要的技术保障。

唐军

2012 年 4 月

唐军　中航工业西安飞机工业(集团)有限责任公司总经理。

序 二

随着对民机舒适性、经济性要求的不断提高,现代民用飞机机翼已经从传统直纹面发展到了复杂双曲率超临界翼型,对现有机翼整体壁板制造的技术要求提出了严峻的挑战。

《现代飞机机翼壁板数字化喷丸成形技术》一书围绕以新支线飞机为代表的现代先进民用飞机机翼整体壁板制造流程,以大量系统性工艺试验为基础,结合技术改造,以生产实际应用为牵引,通过在理论计算和技术提升上的创新和突破,对现代民用飞机机翼整体壁板数模展开、数控加工、数控喷丸成形及相关专用工装设计制造等关键技术进行了深入分析和讨论,重点论述了机翼壁板板坯制备技术、现代喷丸成形设备及其性能试验设计、现代飞机机翼壁板数字化喷丸成形工艺设计以及现代机翼壁板外形数字化检测技术等内容。全书内容翔实深入,理论与实践并重,反映了研究工作所取得的重要成果以及所具备的大中型民用飞机机翼整体壁板工程化制造能力。此外,该书发挥产、学、研各方优势,采用理论与实际相结合的研究思路,特色显著,是科研与工程人员的一本有益的参考书籍。

2012 年 4 月

张卫红　西北工业大学航空宇航制造工程学科长江学者。

前　言

　　喷丸是采用大量金属、玻璃或者陶瓷制球形弹丸高速喷射金属材料表面的一种金属表面冷加工过程。喷丸的打击作用可以提高金属的疲劳强度和抗腐蚀应力,这就是比较常见的喷丸强化。当对金属板料进行喷丸时,可以发现除强化功能外板料会发生弯曲,基于此在 20 世纪 50 年代产生了喷丸工艺的另一个重要应用——喷丸成形(peen forming)。

　　喷丸成形技术具有生产效率高、适用范围广等显著优势,成形出的壁板表现出了优异的服役性能,因此喷丸成形已成为许多支线飞机及波音、空客等大型干线飞机机翼壁板成形的首选方法。但由于成形机理的复杂性以及成形过程中诸多因素的影响,喷丸成形工艺参数的选择在较大程度上仍然依靠大量试验和操作经验,耗时耗资。飞机机翼壁板喷丸成形技术长期以来一直是制约国内大型飞机研制的关键制造技术,如何将目前在较大程度上依靠试验和经验进行的喷丸成形工艺发展为一套具有柔性化和智能化的数字化喷丸成形技术一直是国内同行们共同努力的方向。

　　"十一五"期间,中航工业西安飞机工业(集团)有限责任公司联合国内有关科研院所在国家科技支撑计划等项目的支持下,对现代飞机机翼壁板喷丸成形关键技术进行了系统深入的研究和工程应用,取得了大量的研究成果。因此,对其中的工艺与技术进行系统的总结、提炼和推广,对于推动我国现代飞机机翼壁板喷丸成形技术的进一步发展具有重要意义。

目前，国内有关在大中型飞机机翼壁板数控喷丸成形技术方面的论著甚少。本书重点论述了机翼壁板板坯制备技术、数控喷丸成形设备及其性能试验设计、现代飞机机翼壁板数字化喷丸成形工艺设计以及现代飞机机翼壁板外形数字化检测技术等内容。在论述中基本概念与工艺并重，以利于在生产和科研实践中能具体应用。

本书由杨永红、吴建军和乔明杰编写，由中航工业飞机公司何胜强总工程师审定。此外，在编写中还参阅了有关文献和资料，在此一并谨致诚挚的谢意。

本书是为从事飞行器制造的工程技术人员、科学研究人员编写的，同时也适用于大专院校有关专业的教学。

由于水平有限，书中难免有不足之处，敬请读者批评指正。

著　者

2011 年 4 月

目　录

第1章 绪论

1.1 引言

喷丸成形是 20 世纪 50 年代初伴随着飞机机翼整体壁板的应用,在喷丸强化工艺的基础上发展起来的一种工艺方法。整体壁板不但强度高,而且平面尺寸大,飞机工厂原有的闸压机、滚弯机以及拉形机已不能满足成形的需要。

喷丸成形可以定义为一种无模(不需要模具和压力机)冷加工金属成形工艺,作为成形工具的金属弹丸流按照设计好的喷丸密度模型撞击金属表面以形成特殊形状。具有足够动能的一次撞击可以在表面层特定的体积内引起局部的塑性变形,喷丸成形包含的大量撞击作用集合起来就会产生一个延伸的塑性层,从而使板料弯曲。除了成形效果外,板厚方向不规则的塑性变形同时可以导致残余应力和表面强化,这些都对成形后零件的机械性能非常有益。随着喷丸成形工艺的发展,特别是航空制造工业的机翼整体壁板制造中,喷丸成形在全世界被广泛地研究和应用于整体结构成形。目前,这一工艺已成为制造机翼壁板不可替代或者首选的成形方法。与其他机翼成形生产工艺相比,喷丸成形具有制造成本低、适应现代飞机设计特点、有益于成形后部件的性能等优点。

1.2　机翼壁板成形在全机研制中的地位

以新支线飞机为代表的现代先进民用飞机机翼整体壁板制造流程如图1.1所示,工程设计的3D数模必须先展开成2D平面模型,通过数控加工由金属厚板加工出平面板坯,再采用喷丸成形方法还原到设计要求的理论外形,最后进行长桁铆接装配。

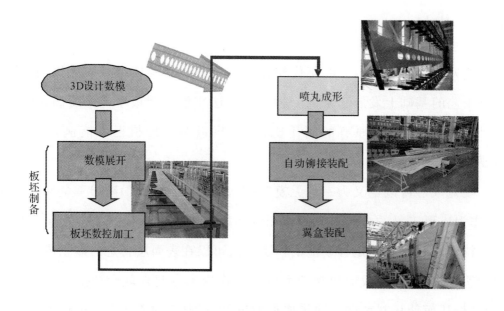

图 1.1　机翼整体壁板制造流程

现代飞机机翼壁板的研制过程是,以大量系统性试验为基础,通过在理论计算和技术提升上的创新和突破,掌握现代民用飞机机翼整体壁板在数模展开、数控加工、数控喷丸成形、自动钻铆、电磁铆接及相关专用工装设计制造等关键技术,重点攻克壁板数控高效加工、数控喷丸成形及自动钻铆等技术难题,形成拥有自主知识产权的机翼制造核心技术。

　　机翼是飞机机体结构制造的核心,机翼整体壁板是构成飞机气动外形的重要构件,现代机翼制造技术已成为衡量一个国家航空制造技术水平的重要标志之一。随着对民机舒适性、经济性要求的不断提高,现代民用飞机机翼已经从传统直纹面翼型发展到了复杂双曲率超临界翼型,现有制造技术能力根本不能满足大型超临界机翼整体壁板制造的要求。波音、空客等飞机制造厂家长期以来一直致力于现代民用飞机机翼整体壁板制造技术的研究。而国内对喷丸成形技术的研究长期受型号、设备、基础理论等的影响,在新支线ARJ21 飞机之前没有根本性的突破。

　　本书针对现代飞机机翼壁板制造流程中的板坯制备和喷丸成形,以理论为基础,结合大量试验,重点研究现代民用飞机机翼整体壁板的数控喷丸成形与工艺优化问题。这对于形成现代民用飞机机翼整体壁板工程化批量制造能力,提高我国大型民用飞机制造实力,加速成为世界航空强国的步伐意义重大。

1.3　壁板几何特征分析

　　飞机机翼壁板所具有的复杂外形难以由几何模型或实物模型上用目测或简单的测量手段观测分析得出完整的几何性质,而掌握壁板外形曲面几何性质是实现壁板数字化喷丸成形的基础。

1.3.1　飞机机翼壁板工艺特征

　　作为直接构成气动外形的机翼壁板具有下述工艺特征。

1. 复杂的双曲面外形

　　除具有弦向机翼曲面外,外翼上、下壁板均有较小范围的展向气动折弯和较大范围的展向弯曲,形成具有马鞍形和双凸形的复杂双曲面外形。其外形完全来自风洞试验，尤其是新支线 ARJ21 飞机机翼下后壁板，其外形由来自风洞试验外形部分和经过修形后外形部分拼接而成，集中体现超临界机翼外形的典型特点。

2. 复杂的结构

基于等强度结构设计原理，壁板厚度呈双向斜削，从机翼前梁向后壁板厚度增加。以新支线飞机为例，从翼根到 8 肋厚度增加，从 8 肋到翼尖厚度减小，8 肋处最厚，厚度为 11.8 mm，翼尖端头厚度最薄为 2 mm；另外，下壁板带有加厚凸台和尺寸为 400 mm×250 mm 左右的椭圆形油箱口盖 21 个，在翼梢部分加厚凸台与蒙皮厚度之比达到 4 倍，并具有贯穿翼展全长的加强条带。

3. 较大的几何尺寸

机翼整体壁板沿展向一般贯穿机翼全长，弦向分成若干块，因此壁板几何尺寸较大，最大宽度在 2.2 m 左右，长度 13 m 左右。

4. 严格的表面完整性要求

民机机翼疲劳寿命和外观质量要求高，壁板喷丸成形后，需要进行表面喷丸强化和手工修磨。

1.3.2 自由曲面 Gauss 曲率云纹图分析技术

对制定喷丸成形工艺有重要影响的几何曲率包括曲面在任意一点的截面线曲率、主曲率以及 Gauss 曲率。截面线曲率是分析壁板外形曲面设计控制元素的重要方法，由此可以给出设计详细喷丸参数的设计依据，并对成形效果进行评价。主曲率，即极值曲率，则与条带喷丸的弯曲作用对应，可以此为基础生成壁板弯曲喷丸路径。Gauss 曲率综合反映了曲面在空间中的弯曲状态，如同向双曲、异向双曲等，为放料喷丸及喷丸路径的修正提供了依据。

　　壁板外形曲面在空间中的弯曲状态对于确定喷丸参数有重要的影响。比如,同向双曲和异向双曲的喷丸路径截然不同,而零 Gauss 曲率曲面只需沿零曲率方向喷丸即可实现成形。因此,分析壁板外形曲面在空间中的弯曲状态,使喷丸成形工艺设计者了解壁板弯曲情况,对于工艺设计人员设计喷丸路径与工艺参数有重要作用。Gauss 曲率云纹图可以比较清楚地反映自由曲面在空间中的弯曲状态。

　　在一般情况下,设有一张正则的三维欧氏空间曲面 S,其参数化方程为

$$r = r(u, v) \tag{1.1}$$

且设 $r(u, v)$ 存在连续的二阶偏导数 r_{uu}, r_{uv}, r_{vv}。则 Gauss 曲率可表示为

$$K = k_1 k_2 = \frac{LN - M^2}{EG - F^2} \tag{1.2}$$

式中　k_1——曲面法曲率的极大值;

　　　　k_2——曲面法曲率的极小值。

$$E = r_u^2$$

$$F = r_u r_v$$

$$G = r_v^2$$

$$L = n r_{uu}$$

$$M = n r_{uv}$$

$$N = n r_{vv}$$

　　由式(1.2)可以计算曲面各处的 Gauss 曲率,并以等值线的形式表示在外形曲面上。

1.3.3　机翼外形曲面弦控线分析技术

　　在机翼分析技术中,经常采用外形面上的弦控线来分析机翼的变形情

况。机翼在展向的弯曲情况则直接决定了机翼的复杂情况。如果展向接近为直线,则机翼接近为直纹面,其变形情况也较为简单;而如果展向是变曲率的空间曲线,则机翼将具有复杂变双曲外形。

　　工程分析计算中,常要对壁板在弦控截面线和展向长桁轴截线上的弯曲情况做详细的分析,并给出相关的数据。图 1.2 所示是根据气动设计时所采用的控制线和翼肋轴线所取的上、下壁板展向弯曲分析线。

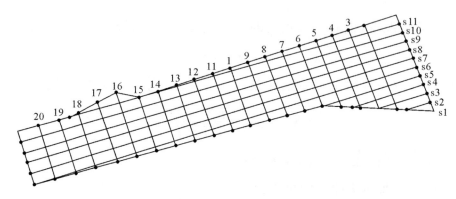

图 1.2　展向弯曲分析线

1.4　新型喷丸成形技术

1.4.1　激光喷丸

　　激光喷丸(Laser Peening)成形技术大约在 1965 年首次提出。其基本原理(见图 1.3)是采用高频、高功率、短脉冲激光束冲击放于约束层下的表面涂有半透明烧蚀材料的工件表面,激光脉冲穿过约束层而被烧蚀层吸收,并在约束层上产生等离子云,在 10 ~ 100 ns 内等离子快速膨胀,在工件表面上产生 1 ~10 GPa 的压力,并形成平面激波,当冲击波的峰值压力超过被处理材料动态屈服强度时,材料表层就产生应变硬化,残留巨大的压应力,从而使工件表层产生塑性变形。

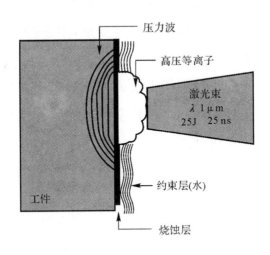

图 1.3　激光喷丸的原理[1]

　　烧蚀层表面覆盖的约束层的作用是限制汽化,提高脉冲压力和作用时间。激光冲击处理过程中,约束层是决定约束方式的主要因素,目前使用的约束层主要有固态介质和液态介质。固态介质分为固态硬介质和固态软介质。固态硬介质(如光学玻璃)的优点是对激光能量吸收少,缺点是只适合对平面表面强化,而且冲击时会产生爆破碎片,难以防护和清理;固态软介质对非平面表面的冲击处理可以做到很好的贴合,但固态软介质材料(如有机材料)对红外激光吸收率普遍较高并容易被击穿,其应用还有待进一步研究和完善。液态介质水是最为经济的约束介质,水约束又分为静水约束和流水约束两种方式。静水在吸收层汽化过程中容易受到污染,并且冲击波会使水表面波动,影响下一次冲击工艺;流水在高精确处理中需要一定的时间以获得平整的界面,从而影响到激光冲击频率的提高。

　　对激光喷丸成形技术的研究除了使金属表面形成应变硬化层外,激光喷丸弯曲成形技术也是一种以激光冲击波为手段的板料塑性成形新技术。当等离子体爆炸形成的激光冲击波峰值压力超过板料动态屈服强度极限时,激光冲击波迫使板料的表层发生局部微观塑性变形,但强冲击波穿过板料表层将进一步向金属内部传播并且其在材料中的传播是一个能量衰减的过程,从而在板料一定深度处冲击波的峰值压力必将低于板料动态屈服强度,在此深度及更深处的金属将产生弹性变形。塑性变形区和弹性变形区的相互作用,会在平行于表面的平面产生压应力,由于金属材料表层发生一定深度塑性变形,因此形成的残余压应力不仅存在于金属表面上,还沿板料厚度方向呈一定形式分布(见图 1.4)。

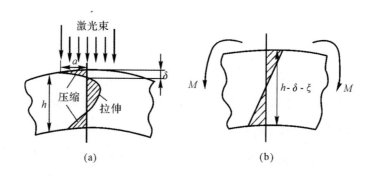

图 1.4　激光喷丸板料变形的弹塑性转化模型[2]

在冲击波消失后,受冲击单元体保留一定的塑性变形,但由于材料内部是一个整体,这个塑性变形的单元体必须与周围材料保持几何相容性,因此受冲击单元体受到周围材料的反作用推力,便在平行于表面的平面内产生双轴压应力场。激光喷丸时板料被约束在刚体上,一旦解除约束,板料表层的压应力和内部的拉应力不再保持平衡,在板料内部诱导出的这种不平衡的应力分布和弯曲力矩的作用下,板料唯有发生宏观变形才能使其内部力系达到新的平衡,因此板料在冲击方向上发生凸起弯曲变形(见图 1.5)。

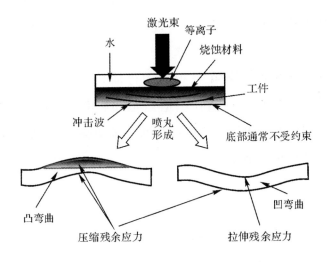

图 1.5　激光喷丸凸、凹弯曲成形[3]

激光喷丸与传统喷丸相比具有明显优势[4]，说明如下。

1. 可加工成形厚度大

在成形截面小于 2 cm 厚的小曲率零件方面，激光喷丸明显优于机械喷丸成形，而且在厚度大于 2 cm 的厚板上也可成形类似的曲线，而传统机械喷丸成形则因板材太厚而不能有效成形。

2. 成形曲率大

在激光喷丸成形的过程中，激光诱导产生的冲击波高压使得金属板料产生的残余应力深度是普通喷丸成形的 3～5 倍，因此激光喷丸成形的金属板料成形曲率是普通喷丸技术所获得的 3～8 倍。

3. 成形精度可控

在激光喷丸成形[5]过程中，可以通过调整激光参数的大小或激光在冲击点处的冲击次数来控制金属板料表面残余应力的大小和深度,从而达到控制金属板料表面残余应力场的分布,以实现金属板料的精确成形。

4. 成形后的工件表面质量高

与机械喷丸成形相比,激光喷丸成形不会在金属表面产生畸变和机械损伤,而且激光喷丸成形时所产生的压应力可对板料起到强化作用,提高零件抗疲劳、抗腐蚀、抗变形的性能。

5. 清洁方便

机械喷丸成形需要在每次喷丸结束后对弹丸进行收集、清洗及去除破粒,而激光喷丸成形不需要这个程序。

激光喷丸成形主要是利用激光冲击波在板料表面产生高幅残余压应力而使板料成形,因此影响成形的工艺参数主要有激光能量、激光斑点大小、板料表面涂层厚度、约束层、激光喷丸入射角及板料厚度等。

激光喷丸强化技术早在 1997 年就被 GE 公司用于军用发动机的风扇叶片前缘的表面强化,以减轻外物撞击所产生的损伤。美国金属改进公司(MIC)采用美国劳伦斯国家实验室(LLNL)的激光技术,在 2002 年 5 月安装了 2 台商用激光喷丸系统,目前正用于民用涡轮发动机钛合金转子部件的表面强化处理。在采用激光喷丸技术进行零件的成形方面,目前还没有具体的应用实例,但是初步的试验研究表明:对于不同厚度的 2024T3 和 2024T8 材料,激光喷丸成形所达到的曲率半径是传统喷丸成形曲率半径的 10%～20%,可见激光喷丸成形技术在成形具有大厚度和小曲率半径的零件方面具有广阔的应用前景。对于大型薄壁零件的激光喷丸成形,成形效率和设备成本依然是制约其实际应用的最主要问题。此外,尚需对激光参数和板料成形量之间的定量关系和残余应力场的有效控制以及其他一些相关问题进行深入研究,才能使该技术真正进入大规模的工程应用。

1.4.2　超声喷丸

　　超声喷丸(Ultrasonic Shot Peening)主要是利用超声波使弹丸产生机械振动,从而驱动弹丸从各个方向以高频撞击已被固定住的材料表面,材料表面在瞬间产生强烈的塑性变形,形成由正压力和剪切力组成的应力系统,以达到强化材料表面的目的,其工作原理如图 1.6 所示。工作时,先将板状样品固定于容器的上壁,容器内充满惰性保护气体,底部放置所需尺寸的不锈钢弹丸或硬化钢球弹丸;处理时,整个容器作垂直振动,使弹丸从各个方向与样品下表面发生碰撞;具体喷丸时间可以根据样品材料的种类、初始状态以及所需要的塑性硬化层厚度来控制。

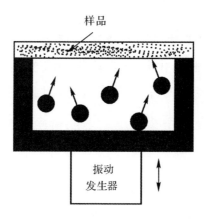

图 1.6　超声喷丸的基本原理[6]

　　超声喷丸采用的喷丸介质除了钢丸外,还可以使用端头具有不同曲率半径的喷针(见图 1.7)。超声喷丸成形是一门崭新的技术,其自身更具独特的优势[7]。

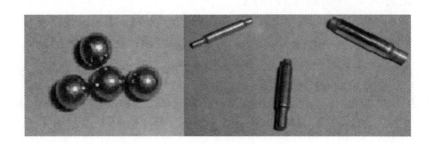

图 1.7　超声喷丸所用的介质[6]

1.可实现较厚板材的成形

超声喷丸成形技术在厚度大于 15 mm 的厚板上也可形成类似的曲线,而传统机械喷丸成形则因板材太厚而不能有效成形。

2.能实现复杂形状的工件成形且成形曲率大

在超声喷丸成形过程中,由超声波转化的机械能产生的冲击载荷压力远远大于其他喷丸方式所产生的冲击载荷压力,因此超声喷丸成形的金属板料成形曲率远比其他喷丸方式大。

3.操作简便易控制

在超声喷丸成形过程中,可以通过调整超声波发生器频率、更换磁头或撞针以及在材料表面的冲击次数来控制金属板料表面残余应力的大小和深度。

4.成形后的材料综合性能比其他喷丸成形好

超声喷丸成形后板材表面光滑,粗糙度良好,另外超声喷丸成形时产生的残余压应力是传统喷丸及激光喷丸的数倍,可对板料起到更好的强化作用。

5.无污染

机械喷丸成形需要在每次喷丸后对丸粒进行收集、清洗及去除破粒,而超声喷丸成形是无污染制造技术,撞针材质是硬质合金钢,不易发生破损,一般不需要清理。

超声喷丸成形过程涉及的主要参数有丸粒材料、丸粒形状和尺寸、丸粒用量、工具头与工件表面间的距离、工具头振幅等,其工艺参数相对较少但是影响因素很复杂,目前尚需对超声喷丸参数和板料成形量之间的定量关系和残余应力场的有效控制以及其他一些相关问题进行深入研究,才能使该技术真正进入大规模的工程应用。

法国 SONATS 公司于 1996 年开始此项技术的研究,目前已开发出一套超声喷丸技术(Stressonic)及其相应的超声波喷丸设备,并大量应用于航空航天、船舶及汽车行业等,图 1.8 所示是空客公司采用超声喷丸对焊接机身整体壁板进行喷丸校形。

图 1.8　采用超声喷丸对焊接机身整体壁板进行校形[6]

超声喷丸可以获得比传统喷丸更深的残余压应力层,且残余压应力的数值也更大,同时超声喷丸成形的表面粗糙度也比传统喷丸工艺好。此外还可以通过控制振动频率在金属表面制备具有纳米晶体结构的表面层,从而显著提高工程材料的综合力学性能和环境服役行为。由于超声喷丸引入材料内部的能变较大,因此常将此方法用于实现材料表面的纳米化和降低氮化温度等方面,而利用超声喷丸技术获得金属材料表面纳米层的研究,更是当前国际上的一个研究热点。目前国内外学者对超声喷丸的研究主要集中于应用此工艺方法对不同金属材料(低碳钢、316L 不锈钢、铝合金、工业纯钛、纯铁及镍基高温合金等)表面进行纳米化后的相关材料性能(强度、硬度、耐磨性、耐蚀性、抗冲击等)进行研究。

1.4.3　高压水射流喷丸

高压水射流喷丸(Cavitation Shotless Peening)是近 30 年来迅猛发展起来的一项新技术,在 20 世纪 80 年代末,Zafred[8] 首先提出了利用高压水射流进行金属表面喷丸强化的思想。高压水射流喷丸强化机理就是将携带巨大能量的高压水射流以某种特定的方式高速喷射到金属零构件表面,使得零构件表层材料在再结晶温度下产生塑性形变(冷作硬化层),呈现理想的组织结构(组织强化)和残余应力分布(应力强化),从而达到提高零构件周期疲劳强度的目的(见图 1.9)。

高压水射流喷丸是一项基于流体动力学的技术,其核心是高压水射流的状况。目前,国内外针对高压水射流喷丸强化方法并没有明确的分类,但根据水射流的状况可分为高压连续水射流强化、高压脉冲水射流强化和高压空化水射流强化。连续射流的介质不局限于纯水,还包括添加磨料的水射流以及油类射流。另外,按照水射流周围的环境还可分为水下环境和大气环境下的高压水射流喷丸强化。

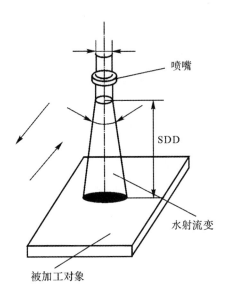

图 1.9　高压水射流喷丸示意图[9]

(一) 高压连续水射流强化

2000 年,美国的 Arola 等[10-11] 在大气环境下采用纯水高压连续水射流和磨料高压连续水射流,分别对工业纯钛和 Ti‒6Al‒4V 钛合金进行了强化试验,认为在高压连续水射流强化材料的过程中,水射流强大的冲击力会引起材料表面的塑性变形,产生残余压应力层;在磨料高压连续水射流强化材料的过程中,水射流作为媒介将动能传递给磨料颗粒(或玻璃弹丸),磨料颗粒类似喷丸强化工艺中的弹丸,并与水射流共同作用在材料表面,产生残余压应力层。这两种强化方式都可以阻止金属表面裂纹的扩展,从而提高构件的疲劳强度,而且添加磨料的高压连续水射流强化方法能够产生更大的表面残余压应力。

2005 年,Kunaporn 等[12-13] 进行了纯水射流喷丸数学模型建立的研究和纯水射流喷丸产生的残余应力的有限元分析研究,为纯水射流喷丸提供了理论依据和试验基础,研究结果显示该模型结果和试验结果基本吻合,说明高压纯水射流喷丸技术的理论研究已取得初步的成果,并为今后的研究提供了理论基础。此外,研究还发现高压水射流喷丸强化提高材料抗疲劳强度与工艺参数(喷射时间、喷射压力、喷射速度、喷嘴移动速度、喷嘴类型以及靶距等)有直接的关系。

目前,国外磨料高压连续水射流强化方法主要是针对汽车传动齿轮、金属矫形植入片和义肢的表面处理,其强化方法如图1.10所示。该强化方法可以看成是磨料水射流加工和喷丸强化的组合工艺,即通过高压水设备产生的高压水射流来携带磨料,并以一定的方向冲击零件表面,从而达到强化的目的。

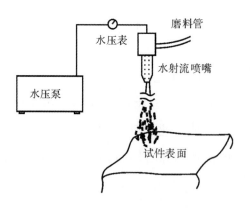

图 1.10　磨料高压连续水射流强化原理图[14]

(二) 高压脉冲水射流强化

目前,国内外的高压脉冲水射流强化技术主要是通过利用电液压效应产生的电液压脉冲水射流来强化零件表面的。20世纪80年代末,苏联就曾对Cr12Mo,Cr12Vi,CrWSiTi等合金钢和T8,T8A,T10等碳素钢制造的模具及刀具(冲头、钻头、扩孔钻和端面铣刀等)在渗碳淬火后再经电液压脉冲水射流强化,其表面硬度均增加 25% ～ 35%,其使用寿命提高了 1 ～ 2 倍。

　　图 1.11 所示为俄罗斯的 **ФУДОВИН** 等[15] 研制的电液压脉冲水射流强化装置的原理图。该装置由放电系统和水喷嘴系统构成,放电系统中电容器存储的大量电能在开关闭合瞬间击穿放电箱中的绝缘介质(水),使得电极间的等离子通道以每秒数十到数百米的速度向外膨胀,压缩周围的水,迫使水从喷嘴射出,从而形成电液压脉冲水射流。该射流在零件表面的脉冲压力和液体横向分流引起的压力可使表面强度和硬度得到提高,同时可在零件表面形成残余压应力层,进而提高零件的疲劳寿命。

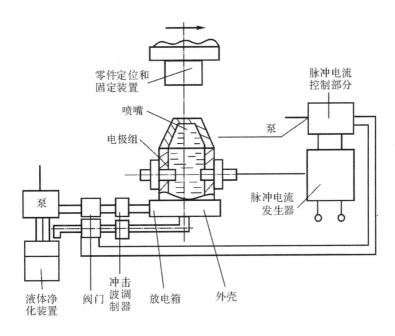

图 1.11　高压脉冲水射流强化原理图[14]

(三) 高压空化水射流强化

高压空化水射流强化喷丸或气穴无弹丸喷丸技术,是由日本东京大学的

Hitoshi Soyama[16] 最早于2000年提出的一种金属表面强化和成形新概念,即利用在水中的高压水射流所产生的气穴效应打击金属零件表面,使表层材料产生塑性变形,并形成残余压应力层的一种新技术。其基本原理如图 1.12 所示,将高压水喷嘴置于充满水的水箱中,当高速水射流从喷嘴喷出时与周围静态水发生剪切作用,导致在液流局部产生低压区,从而产生许多空化气核;气核最初产生于高速区,并随着速度的降低而逐渐变大形成气泡,这种气泡撞击到金属表面时发生破裂所产生的冲击波和微射流迫使表层金属发生塑性变形,从而在其表面形成残余压应力层,达到强化成形零件的目的。

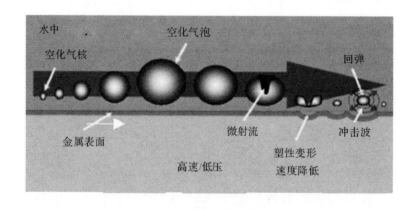

图 1.12　高压空化水射流强化喷丸技术的基本原理[16]

国内外关于高压空化水射流强化的研究表明:对铝合金、硅锰合金等材料的高压水冲击强化处理后,可以使强化试件的疲劳强度比未强化试件的疲劳强度分别提高 56% 和 11%,与传统喷丸强化相比,疲劳强度提高 4% ~ 36%;同时,高压水喷丸处理后的试件表面粗糙度变化不大,而传统喷丸处理后试件的表面粗糙度值 Ra 将成倍增加。

与传统喷丸强化工艺相比,高压空化水射流强化喷丸技术具有以下特点:

（1）容易对存在狭窄部位、深凹槽部位的零件表面及微小零件表面等进行强化。

（2）被强化零构件表面粗糙度值增加很小，减少了应力集中。

（3）纯水射流喷丸强化时，工作介质为水，无固体弹丸废弃物，符合绿色材料选择原则，同时可以实现全覆盖率。

（4）水介质和动力源来源广泛，可实现全强度喷丸和同时加工几个表面，能耗和成本相对较低、生产效率高。

（5）喷头体积小，反作用力小，移动方便且易于实现光控、数控及机械手控制，以提高喷丸强化质量。

（6）噪声小、无尘、无毒，有利于环境保护和操作者的健康，可实现绿色喷丸强化。

自高压空化水射流强化喷丸技术问世以来，各国学者纷纷对此展开了大量的研究，并取得了一定的成绩。经过研究实验发现，材料表面喷丸质量的优劣与高压水射流喷丸加工时的众多工艺参数（如射流压力、喷嘴直径、喷嘴横移速度、磨料供给量、磨粒粒度、射流速度、喷射角度、表面侵蚀区的深度、喷嘴到表面的距离以及喷丸时间等）有关，而在喷嘴直径一定的情况下，喷丸质量对喷嘴到表面的距离尤为敏感，它是影响喷丸质量最重要的参数。

第2章 现代飞机机翼壁板板坯制备技术

现代飞机广泛采用整体壁板代替铆接壁板或薄蒙皮,并作为主要承力件。为提高气动效率,新型机翼外形日趋复杂,多为不可展自由曲面,如超临界翼型曲面。为提高壁板结构效率,通常采用等强度设计,壁板厚度呈连续性均匀变化,并且设计有一体化的加强筋、肋、减轻孔等结构。整体壁板一般采用喷丸、预应力松弛等净成形工艺,成形后的零件要求可直接装配,板坯的形状与几何尺寸对最终成形结果具有重要影响。

2.1 理想变形理论及有限元单元插值函数

本节主要介绍理想变形理论及其力学基础,并根据理想变形的定义讨论理想变形的运动学关系,从理想成形的必要条件出发,得到了基于理想变形理论的板料设计公式。以三角形单元为例,介绍了单元位移模式和插值函数的求取方法,并导出了一次单元和二次单元插值函数的具体公式。

2.1.1 理想变形理论

塑性变形是同变形历史相关的。理论上,材料可以经过无穷多变形路线从初始构形变形到最终构形。当材料沿着不同的变形路线变形时,变形消耗的功必然不同。因此,可以推测当变形满足某些特定的条件时,消耗的塑性功最小。均匀变形的理想变形路径的定义为塑性变形功取最小的变形路径,且沿最小功路径变形时,物质单元的变形最小。因此,在理想变形理论中,假定最小功路径就是优化的成形路径是有依据的,也就是说,物质元的变形量越大,它越容易发生破坏;物质元沿最小功路线变形,变形量最小,它破坏的可能性也就最小,因而是优化的变形。基于理想变形理论的有限元方法就是基于这个假设进行推导的。

2.1.2　最小变形功

Hill 最早考虑了凸屈服面非硬化的刚塑性材料的最小功问题。结论是只要变形过程中,变形的主轴对应于固定的物质线,则变形功取得最小值。Nadai 对同一问题进行了研究,但他的研究中涉及了经典的 Levy-Mises 材料的平面变形,最后他将问题归结为在主应变空间中弧长的比较。尽管他没有提供精确的证明,但他推测出只要应力主轴和应变主轴在变形过程中始终保持重合,并相对于物质线固定,那么当主自然应变比保持恒定时,塑性变形功就达到最小值。后来 Hill 精确地证明了塑性变形功为最小时须满足的两个条件,即变形的主轴相对于物质保持固定并且主自然应变比保持固定。

Chung 和 Richmond 又证明,对于满足 Tresca 屈服条件的材料,仅需满足最大伸长主轴线对于物质固定即可。

现在的主要问题是在给定的初始构形和最终构形之间,寻找最小塑性功路径须满足的条件。推导限于不可压缩的刚塑性材料,其塑性功增量可以用有效应力 $\bar{\sigma}$ 和有效应变的增量 $d\bar{\varepsilon}$ 表示。

单位体积的塑性功可以表示为

$$w = \int \bar{\sigma} \, d\bar{\varepsilon} \tag{2.1}$$

式(2.1)说明,单位体积的塑性变形功可以由总的有效应变 $\bar{\varepsilon} = \int \mathrm{d}\bar{\varepsilon}$ 和材料的工作硬化特性 $\bar{\sigma} = \bar{\sigma}(\bar{\varepsilon})$ 确定。式(2.1)还暗示了当变形路线具有最小的有效应变时,塑性变形功取得最小值。因此,仅需要寻求变形取得最小有效应变时满足的条件即可。

2.1.3 理想变形理论在板料成形中的应用

对于大多数金属来说,均匀变形时最小功路线就是优化的成形路线。但在工程实践中碰到的多数问题却是(或者包含)非均匀变形。Richmond 最初提出的理想成形理论中,也将均匀变形定义为整体塑性功取得极小值的变形。

对于一般的非均匀变形过程,认为当整体塑性功达到最小时,变形分布最为均匀的理由是不充分的。如果材料本身不均匀,即使均匀加载,也会发生较大的应变集中,并导致变形的不均匀。这时,最小塑性功对应的变形往往不是最为均匀的变形,而是发生局部应变集中的变形。相反,相对极小功对应的变形一般相应于最为均匀的变形。因此,在一般的非均匀变形过程中,必须对于理想变形的定义加以修正,以使得成形零件中的变形分布较为均匀。

修正的理想变形可以表述为总体塑性变形功取得极小值的变形。从这个定义出发,可以得到非均匀变形时理想变形的必要条件。满足这个必要条件的解可能有多个。其中既有绝对最小功,也有相对极小功,相对极小功对应的变形较为均匀。因此,在非均匀变形的理想变形理论中认为当整体塑性变形功取得相对极小值时,变形得到了优化。理想变形理论在板料成形中的应用,称为理想成形。

一般非均匀变形过程的变形功可以表示为

$$W = \int \left(\int \boldsymbol{f} \, \mathrm{d}\boldsymbol{u} \right) \mathrm{d}S + \int \left(\int \rho \boldsymbol{b} \, \mathrm{d}\boldsymbol{u} \right) \mathrm{d}V = \int \left\{ \int (\mathrm{div}\boldsymbol{\sigma} + \rho \boldsymbol{b}) \, \mathrm{d}\boldsymbol{u} \right\} \mathrm{d}V + \int \left(\int \boldsymbol{\sigma} \boldsymbol{b} \, \mathrm{d}t \right) \mathrm{d}V$$

(2.2)

式中　　f——单位面积力；

　　　　$\boldsymbol{\sigma}$——柯西应力张量；

　　　　$\boldsymbol{b}$——变形率张量；

　　　　$\boldsymbol{u}$——位移；

　　　　ρ——变形体的密度；

　　　　S——变形体的表面积；

　　　　V——变形体的体积；

　　　　t——时间。

　　若将成形过程看做一个稳态的变形过程，忽略速度变化产生的影响，于是式(2.2)右端的第二项为 0，得到

$$W = \int \left(\int \boldsymbol{f} \mathrm{d}\boldsymbol{u} \right) \mathrm{d}S + \int \left(\int \rho \boldsymbol{b} \, \mathrm{d}\boldsymbol{u} \right) \mathrm{d}V = \int \left(\int \bar{\boldsymbol{\sigma}} \mathrm{d}\bar{\boldsymbol{\varepsilon}} \right) \mathrm{d}V_0 \qquad (2.3)$$

式中　　$\bar{\boldsymbol{\sigma}}$——有效应力；

　　　　$\bar{\boldsymbol{\varepsilon}}$——有效应变，$\bar{\boldsymbol{\varepsilon}} = \int \mathrm{d}\bar{\boldsymbol{\varepsilon}}$；

　　　　V_0——变形体初始的体积。

　　在式(2.2)和式(2.3)中，考虑了塑性变形的不可压缩性。

　　根据上面的定义，总体塑性变形功 W 依赖于每个物质元的变形历史，也依赖于物质元在最后构形中的位置 $X(\boldsymbol{u})$。当每个物质元的变形历史事先指定时，总体塑性功 W 仅依赖于物质点的位移 $\boldsymbol{u}$，或者说依赖于有效应变 $\bar{\boldsymbol{\varepsilon}}(\boldsymbol{u})$，因此，在指定物质元的变形路线后，总体塑性功 W 依赖于最后构形中的变形分布，即

$$W = W(\bar{\boldsymbol{\varepsilon}}(\boldsymbol{u})) = W(\boldsymbol{u}) \qquad (2.4)$$

　　因此，当变形体的物质元沿特定的路径变形时，其总体塑性功 W 取得极值的必要条件为

$$\frac{\mathrm{d}W(\boldsymbol{u})}{\mathrm{d}\boldsymbol{u}} = 0 \tag{2.5}$$

不管指定的变形路线如何,式(2.5)中的必要条件都是有效的。指定的变形路线不同,方程的解 $\boldsymbol{u}$ 也就不同。在理想变形理论中,指定的变形路线为极值功路线,因而,取得的极小值也是该路线下的极小值。在前文中,将总体塑性功取得相对极小值时的变形路径定义为一般的非均匀变形的理想变形路径。在此定义的前提下,假定极小功路径就是变形优化的成形路线,而不是在所有可能的变形路径中,总体塑性功取得最小值的变形路径。

在金属板料的成形过程中,物质点的最后位置定义为

$$\boldsymbol{x} = \boldsymbol{X} + \boldsymbol{u} \tag{2.6}$$

式中　　$\boldsymbol{x}$——板料现时构形上某物质点的坐标,$\boldsymbol{x} = \begin{bmatrix} x_1 & x_2 & x_3 \end{bmatrix}$;

　　　　$\boldsymbol{X}$——初始构形该物质点的坐标,$\boldsymbol{X} = \begin{bmatrix} X_1 & X_2 & X_3 \end{bmatrix}$;

　　　　$\boldsymbol{u}$——该物质点在变形前后的位移。

其中 $\boldsymbol{X}$ 的值是未知待求的。物质点位于毛坯面上,等价于物质点须满足下面的约束条件

$$X_3 = X_3(X_1, X_2) \tag{2.7}$$

因此,对于位于毛坯表面的每个物质点 $\boldsymbol{X}$ 而言,仅有两个分量是独立的。式(2.5)也仅是这两个独立分量的函数。

当成形件的最终构形(工件完整的构形由轮廓和尺寸边界构成)完全给定,而毛坯的轮廓已知、尺寸边界未知时,式(2.5)可以表示为物质点的初始位置 $\boldsymbol{X}$ 的函数,即

$$\frac{\mathrm{d}W(\boldsymbol{X})}{\mathrm{d}\boldsymbol{X}} = 0 \tag{2.8}$$

因为物质点的最终位置 x 已知,所以 $\mathrm{d}\boldsymbol{X} = -\mathrm{d}\boldsymbol{u}$。

将式(2.5)表示成分量的形式,即

$$\left.\begin{aligned}
\frac{\partial W}{\partial X_1^j}\mathrm{d}X_1^j &= \left(\frac{\partial W}{\partial X_1^j} + \frac{\partial W}{\partial X_3^j}\frac{\partial X_3^j}{\partial X_1^j}\right)\mathrm{d}X_1^j \\
\frac{\partial W}{\partial X_2^j}\mathrm{d}X_2^j &= \left(\frac{\partial W}{\partial X_2^j} + \frac{\partial W}{\partial X_3^j}\frac{\partial X_3^j}{\partial X_2^j}\right)\mathrm{d}X_2^j
\end{aligned}\right\} \tag{2.9}$$

显然,当毛坯为平板时,X_3 对 X_1,X_2 的偏导数为 0。式中,上标 j 指工件表面上的第 j 个物质元。将式(2.9)中的两式相加,得

$$\mathrm{d}\,\boldsymbol{G}^j\mathrm{d}\,\boldsymbol{X}^j = 0 \tag{2.10}$$

式中,$\mathrm{d}\boldsymbol{G}^j$ 是初始构形上物质元单位面积上作用的外力,有

$$\mathrm{d}\boldsymbol{G}^j = \begin{Bmatrix} \mathrm{d}G_1^j \\ \mathrm{d}G_2^j \\ \mathrm{d}G_3^j \end{Bmatrix} = \begin{Bmatrix} \dfrac{\partial W}{\partial X_1^j} \\[2mm] \dfrac{\partial W}{\partial X_2^j} \\[2mm] \dfrac{\partial W}{\partial X_3^j} \end{Bmatrix}, \quad \mathrm{d}\boldsymbol{X}^j = \begin{Bmatrix} \mathrm{d}X_1^j \\ \mathrm{d}X_2^j \\ \mathrm{d}X_3^j \end{Bmatrix} \tag{2.11}$$

理想成形的变形协调条件在相关参考文献中有详细的论述,这里不再进行讨论,而是直接使用上述各式进行公式推导。

2.1.4　单元位移模式和插值函数

三角形单元对于复杂的几何形状具有良好的适应性,获得了广泛的应用。因此,在本书中用到的单元均为三角形单元。本节主要以三角形二维单元为例,介绍单元位移模式和插值函数的构造。

对于典型的 n 节点单元,设其各节点编码为 $i(i=1,2,\cdots,n)$,每个节点有三个自由度,即

$$\boldsymbol{u}_i = \begin{bmatrix} u_i & v_i & w_i \end{bmatrix}^{\mathrm{T}} \tag{2.12}$$

于是,单元内任意一点都可以唯一表示为

$$
\left.
\begin{aligned}
u &= \sum_{i=1}^{n} N_i u_i \\
v &= \sum_{i=1}^{n} N_i v_i \\
w &= \sum_{i=1}^{n} N_i w_i
\end{aligned}
\right\}
\tag{2.13}
$$

式中，N_i 为插值函数。对于不同的单元，插值函数的形式有所不同。对于任意单元的插值函数，有

$$
N_1 + N_2 + \cdots + N_n = 1 \tag{2.14}
$$

为了构造单元的插值函数，我们可以采用笛卡儿坐标系，也可以采用无量纲的自然坐标。在利用笛卡儿坐标系构造三角形单元的插值函数的过程中，为了确定插值函数中的各个系数，就要进行矩阵的求逆运算，对于高次单元，此运算比较烦琐，因此普遍采用自然（面积）坐标来构造一般三角单元的插值函数。

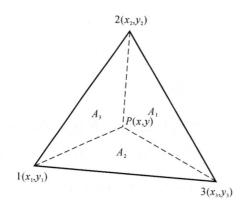

图 2.1　三角形一次单元

如图 2.1 所示，P 点的坐标为 (x, y)，单元各节点的编号和坐标都标注在图 2.1 上，于是单元的总面积为

$$A = -\frac{1}{2}\begin{vmatrix} 1 & x_1 & y_1 \\ 1 & x_2 & y_2 \\ 1 & x_3 & y_3 \end{vmatrix} = -\frac{1}{2}\begin{vmatrix} 1 & x_1 & y_1 \\ 0 & x_2-x_1 & y_2-y_1 \\ 0 & x_3-x_1 & y_3-y_1 \end{vmatrix} \tag{2.15}$$

将上式写成多项式形式,有

$$A = -\frac{1}{2}[(x_2-x_1)(y_3-y_1) - (x_3-x_1)(y_2-y_1)] \tag{2.16}$$

同理,有

$$\left.\begin{aligned} A_2 &= -\frac{1}{2}[(x-x_1)(y_3-y_1) - (x_3-x_1)(y-y_1)] \\ A_3 &= -\frac{1}{2}[(x_2-x_1)(y-y_1) - (x-x_1)(y_2-y_1)] \end{aligned}\right\} \tag{2.17}$$

于是,有

$$L_i = A_i/A \tag{2.18}$$

且有

$$L_1 + L_2 + L_3 = 1 \tag{2.19}$$

令 $\xi = L_2$, $\eta = L_3$,则有

$$\left.\begin{aligned} N_1 &= 1-\xi-\eta \\ N_2 &= \xi \\ N_3 &= \eta \end{aligned}\right\} \tag{2.20}$$

这就是三角形一次单元的插值函数。

2.2　基于理想成形理论的曲面展开技术

理想成形理论可以用于板料设计和成形过程模拟。本节主要从理想变形理论的必要条件出发,利用变形理论的基本原理,推导基于理想变形理论的有限元素法的基本方程;推导三角形单元的单元变形关系;在此基础上得到了以

初始构形上的节点坐标为基本未知量的有限元方程,满足理想成形条件的节点所形成的轮廓即为待求的毛料尺寸边界。

2.2.1 理想成形理论的有限元表达

对于板料来说,某一材料质点 M 从无应变状态到等效应变 $\bar{\boldsymbol{\varepsilon}}$,单位体积上的变形功为

$$w = \int_0^{\bar{\boldsymbol{\varepsilon}}} \bar{\boldsymbol{\sigma}} \mathrm{d}\bar{\boldsymbol{\varepsilon}} \tag{2.21}$$

式中,$\bar{\boldsymbol{\sigma}}$ 为等效应力,整个变形体的变形功为

$$W = \int_V w \, \mathrm{d}V = \int_V \left(\int_0^{\bar{\boldsymbol{\varepsilon}}} \bar{\boldsymbol{\sigma}} \mathrm{d}\bar{\boldsymbol{\varepsilon}} \right) \mathrm{d}V_0 \tag{2.22}$$

利用一步法分析时,零件的最终构形是已知的(除厚度外),而初始构形的轮廓是已知的,如果离散化的零件表示为 m 个单元,n 个节点,节点坐标为 $\boldsymbol{x}$,对应初始构形上节点的坐标为 $\boldsymbol{X}$,那么其位移为

$$\boldsymbol{u} = \boldsymbol{x} - \boldsymbol{X} \tag{2.23}$$

式(2.8)可以表示为物质点的初始位置 $\boldsymbol{X}$ 的函数,即

$$\frac{\partial W(\boldsymbol{X})}{\partial \boldsymbol{X}} = 0 \tag{2.24}$$

又令

$$R(\boldsymbol{X}) = \frac{\partial W(\boldsymbol{X})}{\partial \boldsymbol{X}} = \sum_e \int \bar{\boldsymbol{\sigma}}(\boldsymbol{\varepsilon}) \frac{\partial \bar{\boldsymbol{\varepsilon}}}{\partial \boldsymbol{X}} \mathrm{d}V_0 \tag{2.25}$$

使用 Newton-Raphson 方法构造方程组,求 $R(\boldsymbol{X}) = 0$,有

$$\left[\frac{\partial R(\boldsymbol{X})}{\partial \boldsymbol{X}} \right]_n \delta(\boldsymbol{X}) = -R(\boldsymbol{X})_n \tag{2.26}$$

其中,

$$\frac{\partial R(\boldsymbol{X})}{\partial \boldsymbol{X}} = \sum_e \int \left(\frac{\partial \bar{\boldsymbol{\sigma}}}{\partial \boldsymbol{X}} \frac{\partial \bar{\boldsymbol{\varepsilon}}}{\partial \boldsymbol{X}} + \boldsymbol{\sigma} \frac{\partial^2 \bar{\boldsymbol{\varepsilon}}}{\partial \boldsymbol{X}^2} \right) \mathrm{d}V_0 \tag{2.27}$$

$$\frac{\partial \bar{\boldsymbol{\sigma}}}{\partial \boldsymbol{X}} = \frac{\partial \bar{\boldsymbol{\sigma}}}{\partial \bar{\boldsymbol{\varepsilon}}} \frac{\partial \bar{\boldsymbol{\varepsilon}}}{\partial \boldsymbol{X}} \tag{2.28}$$

对于一定的应力应变模型 $\bar{\boldsymbol{\sigma}} = K(\bar{\boldsymbol{\varepsilon}} + \bar{\boldsymbol{\varepsilon}}_0)^n$，有

$$\frac{\partial \bar{\boldsymbol{\sigma}}}{\partial \bar{\boldsymbol{\varepsilon}}} = nK(\bar{\boldsymbol{\varepsilon}} + \bar{\boldsymbol{\varepsilon}}_0)^{n-1} \tag{2.29}$$

式中　K——材料强度系数；

　　　$\bar{\boldsymbol{\varepsilon}}_0$——初始应变；

　　　n——强度因子。

2.2.2　变形分析

记最终构形为 $\boldsymbol{C}^t$，初始构形为 $\boldsymbol{C}^0$，取 $\boldsymbol{x} = \begin{bmatrix} x & y & z \end{bmatrix}^T$ 为整体坐标系，取 $\boldsymbol{X} = (X \quad Y \quad Z)^T$ 为物质坐标系，采用 Lagrange 描述法。因为毛坯形状为平板，所以 $\boldsymbol{X}^0$ 与整体坐标系重合。设质点 p 为板料中面上一点，质点 q 为 p 点处中面法线上一点，初始构形 $\boldsymbol{C}^0$ 上的 p，q 点用向量 $\boldsymbol{p}^0$，$\boldsymbol{q}^0$ 表示，最终构形 $\boldsymbol{C}^t$ 上的 p，q 点用向量 $\boldsymbol{p}^t$，$\boldsymbol{q}^t$ 表示。

在 Lagrange 描述法中，物质坐标系在初始构形中与整体坐标系重合，质点从 $\boldsymbol{p}^0$ 运动到 $\boldsymbol{p}^t$ 的位移为 u_p，则质点 p 在变形前后的位置用整体坐标描述为

$$\left. \begin{array}{l} \boldsymbol{p}^0 = \begin{bmatrix} X^0 & Y^0 & Z^0 \end{bmatrix} = \begin{bmatrix} x & y & 0 \end{bmatrix} \\ \boldsymbol{p}^t = \begin{bmatrix} X^t & Y^t & Z^t \end{bmatrix} = \begin{bmatrix} x + u_p & y + v_p & w_p \end{bmatrix} \end{array} \right\} \tag{2.30}$$

变形前，物质坐标系 $\boldsymbol{X}^0$ 为直角坐标系，各坐标轴间的夹角为直角，且基矢量为单位矢量，变形后，物质坐标系不再是直角坐标系，但根据 Kirchhoff 假设，变形前的中面法线在变形后仍然垂直于中面，于是，我们可以得出 $\boldsymbol{X}^t$ 在 p 点处的基矢量：

$$\left. \begin{array}{l} \boldsymbol{t}_1 = \begin{bmatrix} 1 + u_{p,x} & v_{p,x} & w_{p,x} \end{bmatrix} \\ \boldsymbol{t}_2 = \begin{bmatrix} u_{p,y} & 1 + v_{p,y} & w_{p,y} \end{bmatrix} \\ \boldsymbol{t}_3 = (\boldsymbol{t}_1 \times \boldsymbol{t}_2) / \mid \boldsymbol{t}_1 \times \boldsymbol{t}_2 \mid \end{array} \right\} \tag{2.31}$$

因此,在最终构形中,线元 dl 的长度可以表示为

$$\mathrm{d}l^2 = (\mathrm{d}X^{\mathrm{t}})^2 + (\mathrm{d}Y^{\mathrm{t}})^2 + (\mathrm{d}Z^{\mathrm{t}})^2 - 2\cos(\pi - \alpha)\mathrm{d}X^{\mathrm{t}}\mathrm{d}Y^{\mathrm{t}} \qquad (2.32)$$

其中,

$$\cos\alpha = (\boldsymbol{t}_1 \cdot \boldsymbol{t}_2)/\mid \boldsymbol{t}_1 \times \boldsymbol{t}_2 \mid$$

于是有

$$\mathrm{d}l^2 = \mid \boldsymbol{t}_1 \mid^2 (\mathrm{d}X^0)^2 + \mid \boldsymbol{t}_2 \mid^2 (\mathrm{d}Y^0)^2 + \lambda_3 (\mathrm{d}Z^0)^2 - (\boldsymbol{t}_1 \cdot \boldsymbol{t}_2)\mathrm{d}X^{\mathrm{t}}\mathrm{d}Y^{\mathrm{t}}$$

$$(2.33)$$

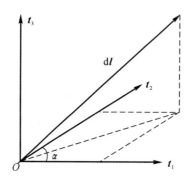

图 2.2　线元的长度计算

式(2.33)中,$\lambda_3 = \lambda_3(x,y,z)$ 是 p 点处的厚向伸长量,当使用膜元计算时,λ_3 的值与 z 方向无关。把式(2.33)写成张量形式,即

$$(\mathrm{d}\boldsymbol{X}^{\mathrm{t}})^{\mathrm{T}}\mathrm{d}\boldsymbol{X}^{\mathrm{t}} = (\mathrm{d}\boldsymbol{X}^0)^{\mathrm{T}} \begin{bmatrix} \mid \boldsymbol{t}_1 \mid^2 & \boldsymbol{t}_1 \cdot \boldsymbol{t}_2 & 0 \\ \boldsymbol{t}_1 \cdot \boldsymbol{t}_2 & \mid \boldsymbol{t}_2 \mid^2 & 0 \\ 0 & 0 & \lambda_3 \end{bmatrix} \mathrm{d}\boldsymbol{X}^0 \qquad (2.34)$$

记

$$\left. \begin{aligned} c_{m0} &= \mid \boldsymbol{t}_1 \mid^2 = (1 + u_{p,x})^2 + v_{p,x}^2 + w_{p,x}^2 \\ c_{m1} &= \boldsymbol{t}_1 \cdot \boldsymbol{t}_2 = (1 + u_{p,x})u_{p,y} + v_{p,x}(1 + v_{p,y}) + w_{p,x}w_{p,y} \\ c_{m2} &= \mid \boldsymbol{t}_2 \mid^2 = u_{p,y}^2 + (1 + v_{p,y})^2 + w_{p,y}^2 \end{aligned} \right\} \qquad (2.35)$$

$$\boldsymbol{C}_m = \begin{bmatrix} c_{m0} & c_{m1} & 0 \\ c_{m1} & c_{m2} & 0 \\ 0 & 0 & \lambda_3 \end{bmatrix} \tag{2.36}$$

$$(\mathrm{d}\boldsymbol{X}^{\mathrm{t}})^{\mathrm{T}}\mathrm{d}\boldsymbol{X}^{\mathrm{t}} = (\mathrm{d}\boldsymbol{X}^{0})^{\mathrm{T}}\boldsymbol{C}_m\mathrm{d}\boldsymbol{X}^{0} \tag{2.37}$$

式中,$\boldsymbol{C}_m$ 为 Cauchy-Green 变形右张量,当进行有限元计算时,如果不考虑弯曲,即采用薄膜元时,就可以采用式(2.37)进行计算。

2.2.3　应变张量及相关的偏导数计算

(一) 应变张量的计算

上一小节给出了 Cauchy-Green 变形右张量 $\boldsymbol{C}_m$ 的表达式,通过计算其特征值和特征向量,可以得到主伸长 $\lambda_1,\lambda_2,\lambda_3$ 及旋转张量 $\boldsymbol{M}$,即

$$\boldsymbol{C} = \boldsymbol{M}\begin{bmatrix} \lambda_1^* & 0 & 0 \\ 0 & \lambda_2^* & 0 \\ 0 & 0 & \lambda_3^* \end{bmatrix}\boldsymbol{M}^{\mathrm{T}} \tag{2.38}$$

其中 $\lambda_1^*,\lambda_2^*,\lambda_3^*$ 是 $\boldsymbol{C}$ 的主值,分别为三个主伸长 $\lambda_1,\lambda_2,\lambda_3$ 的二次方,且有

$$\boldsymbol{M} = \begin{bmatrix} \cos\theta & -\sin\theta & 0 \\ \sin\theta & \cos\theta & 0 \\ 0 & 0 & 1 \end{bmatrix} \tag{2.39}$$

而

$$\boldsymbol{\varepsilon} = \begin{bmatrix} \varepsilon_x & \varepsilon_{xy} & 0 \\ \varepsilon_{xy} & \varepsilon_y & 0 \\ 0 & 0 & \varepsilon_z \end{bmatrix} = \boldsymbol{M}\begin{bmatrix} \ln\lambda_1 & 0 & 0 \\ 0 & \ln\lambda_2 & 0 \\ 0 & 0 & \ln\lambda_3 \end{bmatrix}\boldsymbol{M}^{\mathrm{T}} \tag{2.40}$$

计算并整理得

$$\boldsymbol{\lambda}_i^* = \begin{bmatrix} \lambda_1^* \\ \lambda_2^* \\ \lambda_3^* \end{bmatrix} = \begin{bmatrix} (c_0 + c_2)/2 + \rho \\ (c_0 + c_2)/2 - \rho \\ (c_0 c_2 - c_1^2)^{-1} \end{bmatrix} \tag{2.41}$$

$$\boldsymbol{m}_i = \begin{bmatrix} m_0 \\ m_1 \\ m_2 \end{bmatrix} = \begin{bmatrix} \cos^2\theta \\ \sin^2\theta \\ \cos\theta\sin\theta \end{bmatrix} = \begin{bmatrix} \dfrac{1}{2} + \dfrac{c_0 - c_2}{4\rho} \\ \dfrac{1}{2} - \dfrac{c_0 - c_2}{4\rho} \\ \dfrac{c_1}{2\rho} \end{bmatrix} \tag{2.42}$$

其中,

$$\rho \doteq \sqrt{\left(\frac{c_0 - c_2}{2}\right)^2 + c_1^2} \tag{2.43}$$

根据以上各式,有

$$\boldsymbol{\varepsilon}_i = \begin{bmatrix} \varepsilon_0 \\ \varepsilon_1 \\ \varepsilon_2 \\ \varepsilon_3 \end{bmatrix} = \begin{bmatrix} \varepsilon_x \\ \varepsilon_y \\ \varepsilon_{xy} \\ \varepsilon_z \end{bmatrix} = \begin{bmatrix} (m_0 \ln\lambda_1^* + m_1 \ln\lambda_2^*)/2 \\ (m_1 \ln\lambda_1^* + m_0 \ln\lambda_2^*)/2 \\ m_2 \ln(\lambda_1^*/\lambda_2^*)/2 \\ -\ln(\lambda_1^* \lambda_2^*)/2 \end{bmatrix} \tag{2.44}$$

(二) 有效应变对节点坐标的一阶偏导数

使用微分链式法则,有

$$\frac{\partial \bar{\boldsymbol{\varepsilon}}}{\partial X_k} = \sum_{\alpha=0}^{3} \frac{\partial \bar{\boldsymbol{\varepsilon}}}{\partial \boldsymbol{\varepsilon}_\alpha} \frac{\partial \boldsymbol{\varepsilon}_\alpha}{\partial X_k} \tag{2.45}$$

式中　$\boldsymbol{X}$——毛坯节点坐标向量,$\boldsymbol{X} = \begin{bmatrix} X_1^0 & Y_1^0 & \cdots & X_n^0 & Y_n^0 \end{bmatrix}$;

　　　n——单元主节点个数;

(X_i^0, Y_i^0)——第 i 个节点处的 X 和 Y 坐标值。

其中,有效应变对应变的偏导数是一个与材料性质有关的量,在此不做讨论。记 X_k 为 X 的分量,$k=1,2,\cdots,2n$,对式(2.44)两边求关于 X_k 的偏导数:

$$\frac{\partial \boldsymbol{\varepsilon}_i}{\partial X_k} = \sum_{\alpha=1}^{2} \frac{\partial \boldsymbol{\varepsilon}_i}{\partial \lambda_\alpha^*} \frac{\partial \lambda_\alpha^*}{\partial X_k} + \sum_{\alpha=0}^{2} \frac{\partial \boldsymbol{\varepsilon}_i}{\partial m_\alpha} \frac{\partial m_\alpha}{\partial X_k} \tag{2.46}$$

$$\frac{\partial \boldsymbol{\varepsilon}_i}{\partial \lambda_\alpha^*} = \begin{bmatrix} \dfrac{m_0}{2\lambda_1^*} & \dfrac{m_1}{2\lambda_1^*} & \dfrac{m_2}{2\lambda_1^*} & -\dfrac{1}{2\lambda_1^*} \\[3mm] \dfrac{m_1}{2\lambda_2^*} & \dfrac{m_0}{2\lambda_2^*} & -\dfrac{m_2}{2\lambda_2^*} & -\dfrac{1}{2\lambda_2^*} \end{bmatrix}^{\mathrm{T}} \tag{2.47}$$

$$\frac{\partial \boldsymbol{\varepsilon}_i}{\partial m_\alpha} = \begin{bmatrix} \dfrac{\ln\lambda_1^*}{2} & \dfrac{\ln\lambda_2^*}{2} & 0 & 0 \\[3mm] \dfrac{\ln\lambda_2^*}{2} & \dfrac{\ln\lambda_1^*}{2} & 0 & 0 \\[3mm] 0 & 0 & \dfrac{\ln\lambda_1^* - \ln\lambda_2^*}{2} & 0 \end{bmatrix}^{\mathrm{T}} \tag{2.48}$$

对式(2.41)两边求关于 X_k 的偏导数:

$$\frac{\partial \boldsymbol{\lambda}_i^*}{\partial X_k} = \sum_{\alpha=0}^{2} \frac{\partial \boldsymbol{\lambda}_i^*}{\partial c_\alpha} \frac{\partial c_\alpha}{\partial X_k} \tag{2.49}$$

$$\frac{\partial \boldsymbol{\lambda}_i^*}{\partial c_\alpha} = \begin{bmatrix} \dfrac{1}{2} + \dfrac{c_0 - c_2}{4\rho} & \dfrac{c_1}{\rho} & \dfrac{1}{2} - \dfrac{c_0 - c_2}{4\rho} \\[3mm] \dfrac{1}{2} - \dfrac{c_0 - c_2}{4\rho} & -\dfrac{c_1}{\rho} & \dfrac{1}{2} + \dfrac{c_0 - c_2}{4\rho} \end{bmatrix} \tag{2.50}$$

对式(2.42)两边求关于 X_k 的偏导数:

$$\frac{\partial \boldsymbol{m}_i}{\partial X_k} = \sum_{\alpha=0}^{2} \frac{\partial \boldsymbol{m}_i}{\partial c_\alpha} \frac{\partial c_\alpha}{\partial X_k} \tag{2.51}$$

$$\frac{\partial \boldsymbol{m}_i}{\partial c_\alpha} = \begin{bmatrix} \dfrac{1}{4\rho} - \dfrac{(c_0 - c_2)^2}{16\rho^3} & -\dfrac{(c_0 - c_2)c_1}{4\rho^3} & -\dfrac{1}{4\rho} + \dfrac{(c_0 - c_2)^2}{16\rho^3} \\[3mm] -\dfrac{1}{4\rho} + \dfrac{(c_0 - c_2)^2}{16\rho^3} & \dfrac{(c_0 - c_2)c_1}{4\rho^3} & \dfrac{1}{4\rho} - \dfrac{(c_0 - c_2)^2}{16\rho^3} \\[3mm] -\dfrac{(c_0 - c_2)c_1}{8\rho^3} & \dfrac{1}{2\rho} - \dfrac{c_1^2}{2\rho^3} & \dfrac{(c_0 - c_2)c_1}{8\rho^3} \end{bmatrix} \tag{2.52}$$

其中，$\dfrac{\partial c_\alpha}{\partial X_k}$ 的推导与单元形式的选取有关，将会在下文中继续论述。

(三) 有效应变对节点坐标的二阶偏导数

对式（2.45）两边求其对 X_l 的偏导数，有

$$\frac{\partial^2 \bar{\boldsymbol{\varepsilon}}}{\partial X_k \partial X_l} = \sum_{\alpha=0}^{3} \sum_{\beta=0}^{3} \frac{\partial^2 \bar{\boldsymbol{\varepsilon}}}{\partial \boldsymbol{\varepsilon}_\alpha \partial \boldsymbol{\varepsilon}_\beta} \frac{\partial \boldsymbol{\varepsilon}_\alpha}{\partial X_k} \frac{\partial \boldsymbol{\varepsilon}_\beta}{\partial X_l} + \sum_{\alpha=0}^{3} \frac{\partial \bar{\boldsymbol{\varepsilon}}}{\partial \boldsymbol{\varepsilon}_\alpha} \frac{\partial^2 \boldsymbol{\varepsilon}_\alpha}{\partial X_k \partial X_l} \tag{2.53}$$

类似于 $\dfrac{\partial \bar{\boldsymbol{\varepsilon}}}{\partial \boldsymbol{\varepsilon}_\alpha}$，在这里也不讨论 $\dfrac{\partial^2 \bar{\boldsymbol{\varepsilon}}}{\partial \boldsymbol{\varepsilon}_\alpha \partial \boldsymbol{\varepsilon}_\beta}$ 的推导。对式（2.46）两边求关于 X_l 的偏导数，可得

$$\begin{aligned}
\frac{\partial^2 \boldsymbol{\varepsilon}_i}{\partial X_k \partial X_l} &= \sum_{\alpha=0}^{2} \sum_{\beta=1}^{2} \frac{\partial^2 \boldsymbol{\varepsilon}_i}{\partial m_\alpha \partial \lambda_\beta^*} \left(\frac{\partial m_\alpha}{\partial X_k} \frac{\partial \lambda_\beta^*}{\partial X_l} + \frac{\partial m_\alpha}{\partial X_l} \frac{\partial \lambda_\beta^*}{\partial X_k} \right) + \\
&\quad \sum_{\alpha=1}^{2} \sum_{\beta=1}^{2} \frac{\partial^2 \boldsymbol{\varepsilon}_i}{\partial \lambda_\alpha^* \partial \lambda_\beta^*} \frac{\partial \lambda_\alpha^*}{\partial X_k} \frac{\partial \lambda_\beta^*}{\partial X_l} + \sum_{\alpha=0}^{2} \frac{\partial \boldsymbol{\varepsilon}_i}{\partial m_\alpha} \frac{\partial^2 m_\alpha}{\partial X_k \partial X_l} + \\
&\quad \sum_{\alpha=1}^{2} \frac{\partial \boldsymbol{\varepsilon}_i}{\partial \lambda_\alpha^*} \frac{\partial^2 \lambda_\alpha^*}{\partial X_k \partial X_l}
\end{aligned} \tag{2.54}$$

由式（2.48）可以得

$$\frac{\partial^2 \boldsymbol{\varepsilon}_0}{\partial m_\alpha \partial \lambda_\beta^*} = \begin{bmatrix} 1/(2\lambda_1^*) & 0 \\ 0 & 1/(2\lambda_2^*) \\ 0 & 0 \end{bmatrix} \tag{2.55}$$

$$\frac{\partial^2 \boldsymbol{\varepsilon}_1}{\partial m_\alpha \partial \lambda_\beta^*} = \begin{bmatrix} 0 & 1/(2\lambda_2^*) \\ 1/(2\lambda_1^*) & 0 \\ 0 & 0 \end{bmatrix} \tag{2.56}$$

$$\frac{\partial^2 \boldsymbol{\varepsilon}_2}{\partial m_\alpha \partial \lambda_\beta^*} = \begin{bmatrix} 0 & 0 \\ 0 & 0 \\ 1/(2\lambda_1^*) & -1/(2\lambda_2^*) \end{bmatrix} \tag{2.57}$$

$$\frac{\partial^2 \boldsymbol{\varepsilon}_3}{\partial m_a \partial \lambda_\beta^*} = \boldsymbol{0} \tag{2.58}$$

由式（2.47）可以得

$$\frac{\partial^2 \boldsymbol{\varepsilon}_0}{\partial \lambda_\alpha^* \partial \lambda_\beta^*} = \begin{bmatrix} -\dfrac{m_0}{2(\lambda_1^*)^2} & 0 \\[3mm] 0 & -\dfrac{m_1}{2(\lambda_2^*)^2} \end{bmatrix} \tag{2.59}$$

$$\frac{\partial^2 \boldsymbol{\varepsilon}_1}{\partial \lambda_\alpha^* \partial \lambda_\beta^*} = \begin{bmatrix} -\dfrac{m_1}{2(\lambda_1^*)^2} & 0 \\[3mm] 0 & -\dfrac{m_0}{2(\lambda_2^*)^2} \end{bmatrix} \tag{2.60}$$

$$\frac{\partial^2 \boldsymbol{\varepsilon}_2}{\partial \lambda_\alpha^* \partial \lambda_\beta^*} = \begin{bmatrix} -\dfrac{m_2}{2(\lambda_1^*)^2} & 0 \\[3mm] 0 & \dfrac{m_2}{2(\lambda_2^*)^2} \end{bmatrix} \tag{2.61}$$

$$\frac{\partial^2 \boldsymbol{\varepsilon}_3}{\partial \lambda_\alpha^* \partial \lambda_\beta^*} = \begin{bmatrix} \dfrac{1}{2(\lambda_1^*)^2} & 0 \\[3mm] 0 & \dfrac{1}{2(\lambda_2^*)^2} \end{bmatrix} \tag{2.62}$$

对式（2.51）两边求关于 X_l 的偏导数，可得

$$\frac{\partial^2 \boldsymbol{m}_i}{\partial X_k \partial X_l} = \sum_{\alpha=0}^{2} \sum_{\beta=0}^{2} \frac{\partial^2 \boldsymbol{m}_i}{\partial c_\alpha \partial c_\beta} \frac{\partial c_\alpha}{\partial X_k} \frac{\partial c_\beta}{\partial X_l} + \sum_{\alpha=0}^{2} \frac{\partial \boldsymbol{m}_i}{\partial c_\alpha} \frac{\partial^2 c_\alpha}{\partial X_k \partial X_l} \tag{2.63}$$

由式（2.52）可以得

$$\frac{\partial^2 \boldsymbol{m}_1}{\partial c_\alpha \partial c_\beta} = -\frac{\partial^2 \boldsymbol{m}_0}{\partial c_\alpha \partial c_\beta} \tag{2.64}$$

$$\frac{\partial^2 \boldsymbol{m}_0}{\partial c_\alpha \partial c_\beta} = \begin{bmatrix} -\dfrac{3(c_0-c_2)}{16\rho^3} + \dfrac{3(c_0-c_2)^3}{64\rho^5} & -\dfrac{c_1}{4\rho^3} + \dfrac{3(c_0-c_2)^2 c_1}{16\rho^5} & \dfrac{3(c_0-c_2)}{16\rho^3} - \dfrac{3(c_0-c_2)^3}{64\rho^5} \\[4mm] -\dfrac{c_1}{4\rho^3} + \dfrac{3(c_0-c_2)^2 c_1}{16\rho^5} & -\dfrac{c_0-c_2}{4\rho^3} + \dfrac{3(c_0-c_2)c_1^2}{4\rho^5} & \dfrac{c_1}{4\rho^3} - \dfrac{3(c_0-c_2)^2 c_1}{16\rho^5} \\[4mm] \dfrac{3(c_0-c_2)}{16\rho^3} - \dfrac{3(c_0-c_2)^3}{64\rho^5} & \dfrac{c_1}{4\rho^3} - \dfrac{3(c_0-c_2)^2 c_1}{16\rho^5} & -\dfrac{3(c_0-c_2)}{16\rho^3} + \dfrac{3(c_0-c_2)^3}{64\rho^5} \end{bmatrix}$$

$$\tag{2.65}$$

$$\frac{\partial^2 \boldsymbol{m}_2}{\partial c_\alpha \partial c_\beta} = \begin{bmatrix} -\dfrac{c_1}{8\rho^3} + \dfrac{3(c_0-c_2)^2 c_1}{32\rho^5} & -\dfrac{c_0-c_2}{8\rho^3} + \dfrac{3(c_0-c_2)c_1^2}{8\rho^5} & \dfrac{c_1}{8\rho^3} - \dfrac{3(c_0-c_2)^2 c_1}{32\rho^5} \\[2mm] -\dfrac{c_0-c_2}{8\rho^3} + \dfrac{3(c_0-c_2)c_1^2}{8\rho^5} & -\dfrac{c_1}{2\rho^3} + \dfrac{3c_1^3}{2\rho^5} & \dfrac{c_0-c_2}{8\rho^3} - \dfrac{3(c_0-c_2)c_1^2}{8\rho^5} \\[2mm] \dfrac{c_1}{8\rho^3} - \dfrac{3(c_0-c_2)^2 c_1}{32\rho^5} & \dfrac{c_0-c_2}{8\rho^3} - \dfrac{3(c_0-c_2)c_1^2}{8\rho^5} & -\dfrac{c_1}{8\rho^3} + \dfrac{3(c_0-c_2)^2 c_1}{32\rho^5} \end{bmatrix}$$

$$(2.66)$$

对式(2.49)两边求关于 X_l 的偏导数,则有

$$\frac{\partial^2 \boldsymbol{\lambda}_i^*}{\partial X_k \partial X_l} = \sum_{\alpha=0}^{2} \sum_{\beta=0}^{2} \frac{\partial^2 \boldsymbol{\lambda}_i^*}{\partial c_\alpha \partial c_\beta} \frac{\partial c_\alpha}{\partial X_k} \frac{\partial c_\beta}{\partial X_l} + \sum_{\alpha=0}^{2} \frac{\partial \boldsymbol{\lambda}_i^*}{\partial c_\alpha} \frac{\partial^2 c_\alpha}{\partial X_k \partial X_l} \qquad (2.67)$$

由式(2.50)可以得

$$\frac{\partial^2 \boldsymbol{\lambda}_1^*}{\partial c_\alpha \partial c_\beta} = \begin{bmatrix} \dfrac{1}{4\rho} - \dfrac{(c_0-c_2)^2}{16\rho^3} & -\dfrac{(c_0-c_2)c_1}{4\rho^3} & -\dfrac{1}{4\rho} + \dfrac{(c_0-c_2)^2}{16\rho^3} \\[2mm] -\dfrac{(c_0-c_2)c_1}{4\rho^3} & \dfrac{1}{\rho} - \dfrac{c_1^2}{4\rho^3} & \dfrac{(c_0-c_2)c_1}{4\rho^3} \\[2mm] -\dfrac{1}{4\rho} + \dfrac{(c_0-c_2)^2}{16\rho^3} & \dfrac{(c_0-c_2)c_1}{4\rho^3} & \dfrac{1}{4\rho} - \dfrac{(c_0-c_2)^2}{16\rho^3} \end{bmatrix}$$

$$(2.68)$$

$$\frac{\partial^2 \boldsymbol{\lambda}_2^*}{\partial c_\alpha \partial c_\beta} = -\frac{\partial^2 \boldsymbol{\lambda}_1^*}{\partial c_\alpha \partial c_\beta} \qquad (2.69)$$

2.2.4　变形张量 C 及其相关偏导数计算

本节采用三角形三节点薄膜元。在计算过程中,由于采用整体坐标系有诸多的不便,因此采用参数坐标系对单元在局部范围内进行描述。

(一)面积坐标系与直角坐标系的转换

面积坐标系与笛卡儿坐标系之间的转换,可以简单地表示为

$$\left. \begin{array}{l} \xi = J_0 x + J_1 y + a_0 \\ \eta = J_2 x + J_3 y + a_1 \end{array} \right\} \qquad (2.70)$$

其中，a_0 和 a_1 为常数。由式(2.16)，并令

$$\psi = -2A = (X_2^0 - X_1^0)(Y_3^0 - Y_1^0) - (X_3^0 - X_1^0)(Y_2^0 - Y_1^0) \quad (2.71)$$

于是有

$$\boldsymbol{J} = \begin{bmatrix} J_0 & J_1 \\ J_2 & J_3 \end{bmatrix} = \frac{1}{\psi} \begin{bmatrix} Y_3^0 - Y_1^0 & X_1^0 - X_3^0 \\ Y_1^0 - Y_2^0 & X_2^0 - X_1^0 \end{bmatrix} = \frac{1}{\psi} \boldsymbol{J}^* \quad (2.72)$$

其中，

$$\boldsymbol{J}^* = \begin{bmatrix} J_0^* & J_1^* \\ J_2^* & J_3^* \end{bmatrix} = \begin{bmatrix} Y_3^0 - Y_1^0 & X_1^0 - X_3^0 \\ Y_1^0 - Y_2^0 & X_2^0 - X_1^0 \end{bmatrix} \quad (2.73)$$

(二) 薄膜单元的变形张量 $\boldsymbol{C}_m$ 及其相关偏导数

1. 计算 c_{m0}, c_{m1}, c_{m2} 的值

参照式(2.35)，令

$$\left. \begin{aligned} \boldsymbol{R}_i &= \begin{bmatrix} R_0 \\ R_1 \\ R_2 \end{bmatrix} = \begin{bmatrix} 1 + u_{p,x} \\ v_{p,x} \\ w_{p,x} \end{bmatrix} \\ \boldsymbol{S}_i &= \begin{bmatrix} S_0 \\ S_1 \\ S_2 \end{bmatrix} = \begin{bmatrix} u_{p,y} \\ 1 + v_{p,y} \\ w_{p,y} \end{bmatrix} \end{aligned} \right\} \quad (2.74)$$

于是

$$\left. \begin{aligned} c_{m0} &= (1 + u_{p,x})^2 + v_{p,x}^2 + w_{p,x}^2 = \sum_{i=0}^{2} \boldsymbol{R}_i^2 \\ c_{m1} &= (1 + u_{p,x})u_{p,y} + v_{p,x}(1 + v_{p,y}) + w_{p,x}w_{p,y} = \sum_{i=0}^{2} \boldsymbol{R}_i \boldsymbol{S}_i \\ c_{m2} &= | \boldsymbol{t}_2 |^2 = u_{p,y}^2 + (1 + v_{p,y})^2 + w_{p,y}^2 = \sum_{i=0}^{2} \boldsymbol{S}_i^2 \end{aligned} \right\} \quad (2.75)$$

由单元的插值公式(参考式(2.13)),可以得

$$
\left.
\begin{array}{l}
\boldsymbol{u}_{p,x} = \sum_{i=1}^{n-1} \left(\dfrac{\partial N_i}{\partial \xi} \dfrac{\partial \xi}{\partial x} + \dfrac{\partial N_i}{\partial \eta} \dfrac{\partial \eta}{\partial x} \right) \boldsymbol{u}_i \\[4mm]
\boldsymbol{u}_{p,y} = \sum_{i=1}^{n-1} \left(\dfrac{\partial N_i}{\partial \xi} \dfrac{\partial \xi}{\partial y} + \dfrac{\partial N_i}{\partial \eta} \dfrac{\partial \eta}{\partial y} \right) \boldsymbol{u}_i
\end{array}
\right\}
\tag{2.76}
$$

其中,$\dfrac{\partial N_i}{\partial \xi}$,$\dfrac{\partial N_i}{\partial \eta}$ 与插值函数的选取有关。而由式(2.70) 可得

$$
\left.
\begin{array}{l}
\dfrac{\partial \xi}{\partial x} = J_0 \\[4mm]
\dfrac{\partial \eta}{\partial x} = J_2 \\[4mm]
\dfrac{\partial \xi}{\partial y} = J_1 \\[4mm]
\dfrac{\partial \eta}{\partial y} = J_3
\end{array}
\right\}
\tag{2.77}
$$

所以有

$$
\left.
\begin{array}{l}
\boldsymbol{u}_{p,x} = \sum_{i=0}^{n-1} \left(\dfrac{\partial N_i}{\partial \xi} J_0 + \dfrac{\partial N_i}{\partial \eta} J_2 \right) \boldsymbol{u}_i \\[4mm]
\boldsymbol{u}_{p,y} = \sum_{i=0}^{n-1} \left(\dfrac{\partial N_i}{\partial \xi} J_1 + \dfrac{\partial N_i}{\partial \eta} J_3 \right) \boldsymbol{u}_i
\end{array}
\right\}
\tag{2.78}
$$

从而可以计算得出 c_{mi},$\boldsymbol{R}_i$,$\boldsymbol{S}_i$ 的值。

2. 计算 c_{mi} 对 $\boldsymbol{X}$ 各分量的一阶偏导数

对式(2.75) 两边求关于 X_k 的偏导数:

$$\left.\begin{aligned}
\frac{\partial c_{m0}}{\partial X_k} &= \sum_{\alpha=0}^{2} \frac{\partial c_{m0}}{\partial \boldsymbol{R}_\alpha} \frac{\partial \boldsymbol{R}_\alpha}{\partial X_k} \\
\frac{\partial c_{m1}}{\partial X_k} &= \sum_{\alpha=0}^{2} \left(\frac{\partial c_{m1}}{\partial \boldsymbol{R}_\alpha} \frac{\partial \boldsymbol{R}_\alpha}{\partial X_k} + \frac{\partial c_{m1}}{\partial \boldsymbol{S}_\alpha} \frac{\partial \boldsymbol{S}_\alpha}{\partial X_k} \right) \\
\frac{\partial c_{m2}}{\partial X_k} &= \sum_{\alpha=0}^{2} \frac{\partial c_{m2}}{\partial \boldsymbol{S}_\alpha} \frac{\partial \boldsymbol{S}_\alpha}{\partial X_k}
\end{aligned}\right\} \tag{2.79}$$

其中，

$$\left.\begin{aligned}
\frac{\partial c_{m0}}{\partial \boldsymbol{R}_\alpha} &= 2\boldsymbol{R}_\alpha \\
\frac{\partial c_{m1}}{\partial \boldsymbol{R}_\alpha} &= \boldsymbol{S}_\alpha \\
\frac{\partial c_{m1}}{\partial \boldsymbol{S}_\alpha} &= \boldsymbol{R}_\alpha \\
\frac{\partial c_{m2}}{\partial \boldsymbol{S}_\alpha} &= 2\boldsymbol{S}_\alpha
\end{aligned}\right\} \tag{2.80}$$

将式(2.78)代入式(2.74)，并对式(2.74)两边求关于 X_k 的偏导数：

$$\begin{aligned}
\frac{\partial \boldsymbol{R}_\alpha}{\partial X_k} &= \sum_{i=0}^{n-1} \left(\frac{\partial N_i}{\partial \xi} \frac{\partial J_0}{\partial X_k} + \frac{\partial N_i}{\partial \eta} \frac{\partial J_2}{\partial X_k} \right) \boldsymbol{u}_{\alpha i} + \\
&\quad \sum_{i=0}^{n-1} \left(\frac{\partial N_i}{\partial \xi} J_0 + \frac{\partial N_i}{\partial \eta} J_2 \right) \frac{\partial \boldsymbol{u}_{\alpha i}}{\partial X_k}
\end{aligned} \tag{2.81}$$

$$\begin{aligned}
\frac{\partial \boldsymbol{S}_\alpha}{\partial X_k} &= \sum_{i=0}^{n-1} \left(\frac{\partial N_i}{\partial \xi} \frac{\partial J_1}{\partial X_k} + \frac{\partial N_i}{\partial \eta} \frac{\partial J_3}{\partial X_k} \right) \boldsymbol{u}_{\alpha i} + \\
&\quad \sum_{i=0}^{n-1} \left(\frac{\partial N_i}{\partial \xi} J_1 + \frac{\partial N_i}{\partial \eta} J_3 \right) \frac{\partial \boldsymbol{u}_{\alpha i}}{\partial X_k}
\end{aligned} \tag{2.82}$$

其中，$\boldsymbol{u}_{\alpha i} = [u_i \quad v_i \quad w_i]^{\mathrm{T}}$ 是由单元的形式决定的，因此它对 X_k 的偏导数也是由单元形式决定的。由式(2.71)、式(2.72)及式(2.73)可得

$$\frac{\partial \boldsymbol{J}_i}{\partial X_k} = -\frac{1}{\psi^2} \frac{\partial \psi}{\partial X_k} \boldsymbol{J}_i^* + \frac{1}{\psi} \frac{\partial \boldsymbol{J}_i^*}{\partial X_k} \tag{2.83}$$

$$\frac{\partial \boldsymbol{\psi}}{\partial X_k} = [Y_2 - Y_3 \quad X_3 - X_2 \quad Y_3 - Y_1 \quad X_1 - X_3 \quad Y_1 - Y_2 \quad X_2 - X_1]$$

$$(2.84)$$

$$\frac{\partial \boldsymbol{J}_i^*}{\partial X_k} = \begin{bmatrix} 0 & -1 & 0 & 0 & 0 & 1 \\ 1 & 0 & 0 & 0 & -1 & 0 \\ 0 & 1 & 0 & -1 & 0 & 0 \\ -1 & 0 & 1 & 0 & 0 & 0 \end{bmatrix}$$

$$(2.85)$$

最后，我们要计算 c_i 对 $\boldsymbol{X}$ 各分量的二阶偏导数；对式（2.79）中第一式两边求关于 X_l 的偏导数：

$$\frac{\partial^2 c_{m_0}}{\partial X_k \partial X_l} = \sum_{\alpha=0}^{2} \left\{ \left(\sum_{\beta=0}^{2} \frac{\partial^2 c_{m_0}}{\partial \boldsymbol{R}_\alpha \partial \boldsymbol{R}_\beta} \frac{\partial \boldsymbol{R}_\alpha}{\partial X_k} \frac{\partial \boldsymbol{R}_\beta}{\partial X_l} \right) + \frac{\partial c_{m_0}}{\partial \boldsymbol{R}_\alpha} \frac{\partial^2 \boldsymbol{R}_\alpha}{\partial X_k \partial X_l} \right\} \quad (2.86)$$

当 $\alpha \neq \beta$ 时，$\dfrac{\partial^2 c_{m_0}}{\partial \boldsymbol{R}_\alpha \partial \boldsymbol{R}_\beta} = 0$，而当 $\alpha = \beta$ 时，$\dfrac{\partial^2 c_{m_0}}{\partial \boldsymbol{R}_\alpha \partial \boldsymbol{R}_\beta} = 2$，所以有

$$\frac{\partial^2 c_{m_0}}{\partial X_k \partial X_l} = \sum_{\alpha=0}^{2} \left(2 \frac{\partial \boldsymbol{R}_\alpha}{\partial X_k} \frac{\partial \boldsymbol{R}_\alpha}{\partial X_l} + \frac{\partial c_{m_0}}{\partial \boldsymbol{R}_\alpha} \frac{\partial^2 \boldsymbol{R}_\alpha}{\partial X_k \partial X_l} \right) \quad (2.87)$$

类似地，由式（2.79）得

$$\frac{\partial^2 c_{m_1}}{\partial X_k \partial X_l} = \sum_{\alpha=0}^{2} \left(2 \frac{\partial \boldsymbol{R}_\alpha}{\partial X_k} \frac{\partial \boldsymbol{R}_\alpha}{\partial X_l} + 2 \frac{\partial \boldsymbol{S}_\alpha}{\partial X_k} \frac{\partial \boldsymbol{S}_\alpha}{\partial X_l} + \frac{\partial c_{m_1}}{\partial \boldsymbol{R}_\alpha} \frac{\partial^2 \boldsymbol{R}_\alpha}{\partial X_k \partial X_l} + \frac{\partial c_{m_1}}{\partial \boldsymbol{S}_\alpha} \frac{\partial^2 \boldsymbol{S}_\alpha}{\partial X_k \partial X_l} \right)$$

$$(2.88)$$

$$\frac{\partial^2 c_{m_2}}{\partial X_k \partial X_l} = \sum_{\alpha=0}^{2} \left(2 \frac{\partial \boldsymbol{S}_\alpha}{\partial X_k} \frac{\partial \boldsymbol{S}_\alpha}{\partial X_l} + \frac{\partial c_{m_2}}{\partial \boldsymbol{S}_\alpha} \frac{\partial^2 \boldsymbol{S}_\alpha}{\partial X_k \partial X_l} \right) \quad (2.89)$$

分别对式（2.81）及式（2.82）两边求关于 X_l 的偏导数，得

$$\frac{\partial^2 \boldsymbol{R}_\alpha}{\partial X_k \partial X_l} = \sum_{i=0}^{n-1} \left(\frac{\partial \boldsymbol{N}_i}{\partial \xi} \frac{\partial^2 J_0}{\partial X_k \partial X_l} + \frac{\partial \boldsymbol{N}_i}{\partial \eta} \frac{\partial^2 J_2}{\partial X_k \partial X_l} \right) \cdot \boldsymbol{u}_{\alpha i} +$$

$$\sum_{i=0}^{n-1} \left(\frac{\partial \boldsymbol{N}_i}{\partial \xi} \frac{\partial J_0}{\partial X_l} + \frac{\partial \boldsymbol{N}_i}{\partial \eta} \frac{\partial^2 J_2}{\partial X_l} \right) \cdot \frac{\partial \boldsymbol{u}_{\alpha i}}{\partial X_k} +$$

$$\sum_{i=0}^{n-1}\left(\frac{\partial \boldsymbol{N}_i}{\partial \xi}\frac{\partial J_0}{\partial X_k}+\frac{\partial \boldsymbol{N}_i}{\partial \eta}\frac{\partial^2 J_2}{\partial X_k}\right)\cdot \frac{\partial \boldsymbol{u}_{ai}}{\partial X_l} \tag{2.90}$$

$$\frac{\partial^2 \boldsymbol{S}_a}{\partial X_k \partial X_l}=\sum_{i=0}^{n-1}\left(\frac{\partial \boldsymbol{N}_i}{\partial \xi}\frac{\partial^2 J_1}{\partial X_k \partial X_l}+\frac{\partial \boldsymbol{N}_i}{\partial \eta}\frac{\partial^2 J_3}{\partial X_k \partial X_l}\right)\cdot \boldsymbol{u}_{ai}+$$

$$\sum_{i=0}^{n-1}\left(\frac{\partial \boldsymbol{N}_i}{\partial \xi}\frac{\partial J_1}{\partial X_l}+\frac{\partial \boldsymbol{N}_i}{\partial \eta}\frac{\partial^2 J_3}{\partial X_l}\right)\cdot \frac{\partial u_{ai}}{\partial X_k}+$$

$$\sum_{i=0}^{n-1}\left(\frac{\partial \boldsymbol{N}_i}{\partial \xi}\frac{\partial J_1}{\partial X_k}+\frac{\partial \boldsymbol{N}_i}{\partial \eta}\frac{\partial^2 J_3}{\partial X_k}\right)\cdot \frac{\partial \boldsymbol{u}_{ai}}{\partial X_l} \tag{2.91}$$

对式(2.83)两边求关于 X_l 的偏导数,可得

$$\frac{\partial^2 \boldsymbol{J}_i}{\partial X_k \partial X_l}=\frac{2}{\psi^3}\frac{\partial \boldsymbol{\psi}}{\partial X_k}\frac{\partial \boldsymbol{\psi}}{\partial X_l}\boldsymbol{J}_i^*-\frac{1}{\psi^2}\frac{\partial^2 \boldsymbol{\psi}}{\partial X_k \partial X_l}\boldsymbol{J}_i^*-$$

$$\frac{1}{\psi^2}\left(\frac{\partial \boldsymbol{\psi}}{\partial X_l}\frac{\partial \boldsymbol{J}_i^*}{\partial X_k}-\frac{\partial \boldsymbol{\psi}}{\partial X_k}\frac{\partial \boldsymbol{J}_i^*}{\partial X_l}\right) \tag{2.92}$$

由式(2.84)得

$$\frac{\partial^2 \boldsymbol{\psi}}{\partial X_k \partial X_l}=\begin{bmatrix} 0 & 0 & 0 & 1 & 0 & -1 \\ 0 & 0 & -1 & 0 & 1 & 0 \\ 0 & -1 & 0 & 0 & 0 & 1 \\ 1 & 0 & 0 & 0 & -1 & 0 \\ 0 & 1 & 0 & -1 & 0 & 0 \\ -1 & 0 & 1 & 0 & 0 & 0 \end{bmatrix} \tag{2.93}$$

在前面的讨论中,没有给出 $\dfrac{\partial N_i}{\partial \xi}$, $\dfrac{\partial N_i}{\partial \eta}$ 和 $\boldsymbol{u}_i$, $\dfrac{\partial \boldsymbol{u}_i}{\partial X_k}$ 等量的计算方法,这些量的计算与单元的选取有关。在下文中给出三角形三节点薄膜元上述各量的计算方法。

对于三角形三节点单元,由式(2.20)可得

$$\left.\begin{aligned}\frac{\partial \boldsymbol{N}_i}{\partial \xi}&=\begin{bmatrix}-1 & 1 & 0\end{bmatrix}\\[2mm]\frac{\partial \boldsymbol{N}_i}{\partial \eta}&=\begin{bmatrix}-1 & 0 & 1\end{bmatrix}\end{aligned}\right\} \tag{2.94}$$

各节点的位移为

$$\boldsymbol{u}_i=\begin{bmatrix}x_1-X_1^0 & x_2-X_2^0 & x_3-X_3^0\\[2mm]y_1-Y_1^0 & y_2-Y_2^0 & y_3-Y_3^0\\[2mm]z_1 & z_2 & z_3\end{bmatrix} \tag{2.95}$$

因此

$$\frac{\partial u_i}{\partial X_k}=\begin{cases}0, & 当\ k\neq 2i-1\\-1, & 当\ k=2i-1\end{cases} \tag{2.96}$$

$$\frac{\partial v_i}{\partial X_k}=\begin{cases}0, & 当\ k\neq 2i\\-1, & 当\ k=2i\end{cases} \tag{2.97}$$

$$\frac{\partial w_i}{\partial X_k}=0 \tag{2.98}$$

2.2.5 刚塑性材料模型

当计算有效应变对节点坐标的一阶和二阶偏导数时,有效应变对应变分量的一阶和二阶偏导数由于与材料的性质有关,没有给出表达式。本节采用各向同性的刚塑性模型和厚向异性的刚塑性模型,并给出有效应变对应变分量的一阶和二阶偏导数的具体表达式。

(一) 各向同性的刚塑性模型

各向同性的刚塑性材料的有效应变为

$$\bar{\varepsilon}=\frac{\sqrt{2}}{3}\sqrt{(\varepsilon_y-\varepsilon_z)^2+(\varepsilon_z-\varepsilon_x)^2+(\varepsilon_x-\varepsilon_y)^2+6\varepsilon_{xy}^2} \tag{2.99}$$

考虑到体积不可压缩条件 $\varepsilon_x + \varepsilon_y + \varepsilon_z = 0$，式 (2.99) 成为

$$\bar{\varepsilon} = \sqrt{\frac{2}{3}(\varepsilon_x^2 + \varepsilon_y^2 + 2\varepsilon_{xy}^2 + \varepsilon_z^2)} \qquad (2.100)$$

有效应变的一阶偏导数为

$$\frac{\partial \bar{\varepsilon}}{\partial \boldsymbol{\varepsilon}_\alpha} = \frac{2}{3\bar{\varepsilon}} \begin{bmatrix} \varepsilon_x \\ \varepsilon_y \\ 2\varepsilon_{xy} \\ \varepsilon_z \end{bmatrix} \qquad (2.101)$$

对式 (2.101) 两边求关于 $\boldsymbol{\varepsilon}_\alpha$ 的偏导数，有

$$\frac{\partial^2 \bar{\varepsilon}}{\partial \boldsymbol{\varepsilon}_\alpha \partial \boldsymbol{\varepsilon}_\beta} = \frac{1}{\bar{\varepsilon}} \begin{bmatrix} \frac{2}{3} - \left(\frac{\partial \bar{\varepsilon}}{\partial \varepsilon_x}\right)^2 & -\frac{\partial \bar{\varepsilon}}{\partial \varepsilon_x}\frac{\partial \bar{\varepsilon}}{\partial \varepsilon_y} & -\frac{\partial \bar{\varepsilon}}{\partial \varepsilon_x}\frac{\partial \bar{\varepsilon}}{\partial \varepsilon_{xy}} & -\frac{\partial \bar{\varepsilon}}{\partial \varepsilon_x}\frac{\partial \bar{\varepsilon}}{\partial \varepsilon_z} \\[2mm] -\frac{\partial \bar{\varepsilon}}{\partial \varepsilon_x}\frac{\partial \bar{\varepsilon}}{\partial \varepsilon_y} & \frac{2}{3} - \left(\frac{\partial \bar{\varepsilon}}{\partial \varepsilon_y}\right)^2 & -\frac{\partial \bar{\varepsilon}}{\partial \varepsilon_y}\frac{\partial \bar{\varepsilon}}{\partial \varepsilon_{xy}} & -\frac{\partial \bar{\varepsilon}}{\partial \varepsilon_y}\frac{\partial \bar{\varepsilon}}{\partial \varepsilon_z} \\[2mm] -\frac{\partial \bar{\varepsilon}}{\partial \varepsilon_x}\frac{\partial \bar{\varepsilon}}{\partial \varepsilon_{xy}} & -\frac{\partial \bar{\varepsilon}}{\partial \varepsilon_y}\frac{\partial \bar{\varepsilon}}{\partial \varepsilon_{xy}} & \frac{4}{3} - \left(\frac{\partial \bar{\varepsilon}}{\partial \varepsilon_{xy}}\right)^2 & -\frac{\partial \bar{\varepsilon}}{\partial \varepsilon_z}\frac{\partial \bar{\varepsilon}}{\partial \varepsilon_{xy}} \\[2mm] -\frac{\partial \bar{\varepsilon}}{\partial \varepsilon_x}\frac{\partial \bar{\varepsilon}}{\partial \varepsilon_z} & -\frac{\partial \bar{\varepsilon}}{\partial \varepsilon_y}\frac{\partial \bar{\varepsilon}}{\partial \varepsilon_z} & -\frac{\partial \bar{\varepsilon}}{\partial \varepsilon_z}\frac{\partial \bar{\varepsilon}}{\partial \varepsilon_{xy}} & \frac{2}{3} - \left(\frac{\partial \bar{\varepsilon}}{\partial \varepsilon_z}\right)^2 \end{bmatrix}$$

$$(2.102)$$

(二) 厚向异性的刚塑性模型

根据塑性理论，厚向异性刚塑性材料的有效应变为

$$\bar{\varepsilon} = \sqrt{\frac{2(2+r)}{3(1+2r)}} \sqrt{(1+r)\varepsilon_x^2 + (1+r)\varepsilon_y^2 + 2r\varepsilon_x\varepsilon_y + 2\varepsilon_{xy}^2}$$

$$(2.103)$$

式中，r 为厚向异性指数。考虑到体积不可压缩条件 $\varepsilon_x + \varepsilon_y + \varepsilon_z = 0$，式 (2.103) 成为

$$\bar{\varepsilon} = \sqrt{\frac{2(2+r)}{3(1+2r)}} \sqrt{\varepsilon_x^2 + \varepsilon_y^2 + 2\varepsilon_{xy}^2 + r\varepsilon_z^2} \tag{2.104}$$

有效应变的一阶偏导数为

$$\frac{\partial \bar{\varepsilon}}{\partial \boldsymbol{\varepsilon}_a} = \frac{2(2+r)}{3(1+2r)} \frac{1}{\bar{\varepsilon}} \begin{bmatrix} \varepsilon_x \\ \varepsilon_y \\ 2\varepsilon_{xy} \\ r\varepsilon_z \end{bmatrix} \tag{2.105}$$

有效应变的二阶偏导数为

$$\frac{\partial^2 \bar{\varepsilon}}{\partial \boldsymbol{\varepsilon}_a \partial \boldsymbol{\varepsilon}_\beta} = \frac{1}{\bar{\varepsilon}} \begin{bmatrix} b - \left(\frac{\partial \bar{\varepsilon}}{\partial \varepsilon_x}\right)^2 & -\frac{\partial \bar{\varepsilon}}{\partial \varepsilon_x}\frac{\partial \bar{\varepsilon}}{\partial \varepsilon_y} & -\frac{\partial \bar{\varepsilon}}{\partial \varepsilon_x}\frac{\partial \bar{\varepsilon}}{\partial \varepsilon_{xy}} & -\frac{\partial \bar{\varepsilon}}{\partial \varepsilon_x}\frac{\partial \bar{\varepsilon}}{\partial \varepsilon_z} \\ -\frac{\partial \bar{\varepsilon}}{\partial \varepsilon_x}\frac{\partial \bar{\varepsilon}}{\partial \varepsilon_y} & b - \left(\frac{\partial \bar{\varepsilon}}{\partial \varepsilon_y}\right)^2 & -\frac{\partial \bar{\varepsilon}}{\partial \varepsilon_y}\frac{\partial \bar{\varepsilon}}{\partial \varepsilon_{xy}} & -\frac{\partial \bar{\varepsilon}}{\partial \varepsilon_y}\frac{\partial \bar{\varepsilon}}{\partial \varepsilon_z} \\ -\frac{\partial \bar{\varepsilon}}{\partial \varepsilon_x}\frac{\partial \bar{\varepsilon}}{\partial \varepsilon_{xy}} & -\frac{\partial \bar{\varepsilon}}{\partial \varepsilon_y}\frac{\partial \bar{\varepsilon}}{\partial \varepsilon_{xy}} & 2b - \left(\frac{\partial \bar{\varepsilon}}{\partial \varepsilon_{xy}}\right)^2 & -\frac{\partial \bar{\varepsilon}}{\partial \varepsilon_z}\frac{\partial \bar{\varepsilon}}{\partial \varepsilon_{xy}} \\ -\frac{\partial \bar{\varepsilon}}{\partial \varepsilon_x}\frac{\partial \bar{\varepsilon}}{\partial \varepsilon_z} & -\frac{\partial \bar{\varepsilon}}{\partial \varepsilon_y}\frac{\partial \bar{\varepsilon}}{\partial \varepsilon_z} & -\frac{\partial \bar{\varepsilon}}{\partial \varepsilon_z}\frac{\partial \bar{\varepsilon}}{\partial \varepsilon_{xy}} & b - \left(\frac{\partial \bar{\varepsilon}}{\partial \varepsilon_z}\right)^2 \end{bmatrix} \tag{2.106}$$

式中，

$$b = \frac{2(2+r)}{3(1+2r)} \tag{2.107}$$

2.3 展开软件设计思路及编程实现

2.3.1 展开软件系统体系结构及功能

壁板展开系统采用基于理想变形理论的有限元方法，通过对有限元方程的求解，得到与离散化的零件模型相对应的毛坯节点坐标，从而精确给定毛坯形状,进而,得到零件或半成品零件上的应力、应变分布。由应变的分布情况预测在成形过程中可能会出现的破裂、起皱等缺陷。

(一) 展开软件系统结构

有限元反向模拟方法是通过成形后的零件形状反方向成形计算以获得初始坯料形状的方法,与普通模拟方法存在着不同。它要解决的问题是使从初始形状到最终形状的塑性变形功最小。已知变量是最终状态的几何形状和初始状态的厚度,未知变量是初始状态的形状和最终状态的厚度,目标函数为塑性极值功函数,求得目标函数的最小值即可求得未知变量值。反向模拟系统由前置处理模块、工程分析模块和后置处理模块组成。前置处理模块主要进行数据提取和数据准备工作;工程分析模块主要是求解有限元方程;后置处理模块主要是对上面所得到的解进行处理,获得应力、应变等数据,将这些数据输出到文件,同时以图形或文档的方式显示。后置处理中还有一个模块,就是与通用 CAD/CAM 软件的接口,这个接口使后置处理得到的结果数据文件能够被通用的 CAD/CAM 软件利用。

离散化的壁板模型主要包括壁板经网格化后生成的节点坐标序列、节点处法向量序列以及元素序列。这些数据可以从通用的 CAD/CAM 软件,如 UG,CATIA 中导出,也可以用其他方法(如利用数学和计算几何的方法)编程得到自生网格。离散化的毛坯模型应具有与相应的壁板模型对应的节点编码和网格排列。在进行分析前,毛坯模型还应包含一个合理的节点坐标序列的初始值。

系统体系结构及数据流向如图 2.3 所示。

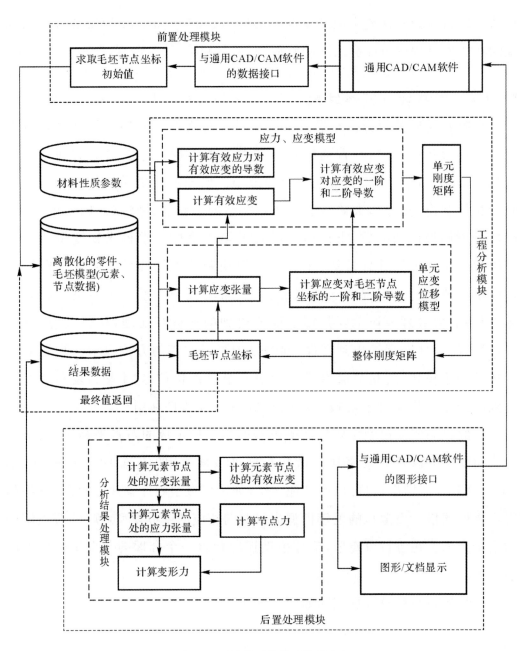

图 2.3　系统体系结构及数据流向

（二）前置处理模块

程序的前置处理部分主要是给出离散化的壁板模型及毛坯模型，这一部分主要为后续的两个模块做数据准备。这些数据包括壁板节点坐标值、单元网格数据、毛坯节点猜测值以及约束条件。

使用 Newton-Raphson 方法求解，要求系数矩阵有较好的条件，因此初始的毛坯节点坐标值应与真值尽可能地接近。求取毛坯初始值的方法有很多种，其中，垂直投影是最简单的方法。但是这种方法在被展开件直壁处会产生很大的应力和应变，这样使得当使用 Newton-Raphson 方法求解时，系数矩阵的条件就比较差，迭代过程往往不能收敛。

利用几何映射法求取零件毛坯网格的程序流程图如图 2.4 所示。

（三）工程分析模块

工程分析模块的主要工作是求解有限元方程，得出毛坯的节点坐标值。工程分析中算法的实现主要包括有效应变的一阶微分、有效应变的二阶微分、计算刚度矩阵、等效节点载荷和计算毛坯形状。

1. 单元刚度矩阵的计算

单元刚度矩阵的计算：

（1）计算应变张量及有效应变张量。先求出 Cauchy-Green 变形右张量 C_m 的值，再求出 C 的特征值 λ_1^*，λ_2^*，λ_3^*，进而求得 ε_i，之后就可得到 $\bar{\varepsilon}_i$ 的值。

（2）计算应变和有效应变对毛坯初始节点位置的一阶微分。因为应变是毛坯初始节点位置的隐函数，所以不能直接进行微分运算，只能通过微分链式法则求解应变对毛坯初始节点位置的一阶微分。先求出 $\dfrac{\partial c_\alpha}{\partial X_k}$，再计算 $\dfrac{\partial \lambda_i}{\partial c_\alpha}$，$\dfrac{\partial m_i}{\partial c_\alpha}$，$\dfrac{\partial \varepsilon_i}{\partial m_\alpha}$ 及 $\dfrac{\partial \varepsilon_i}{\partial \lambda_\alpha}$ 等，然后得到 $\dfrac{\partial \bar{\varepsilon}}{\partial \varepsilon_\alpha}$ 的值，从而得出 $\dfrac{\partial \bar{\varepsilon}}{\partial X_k}$。

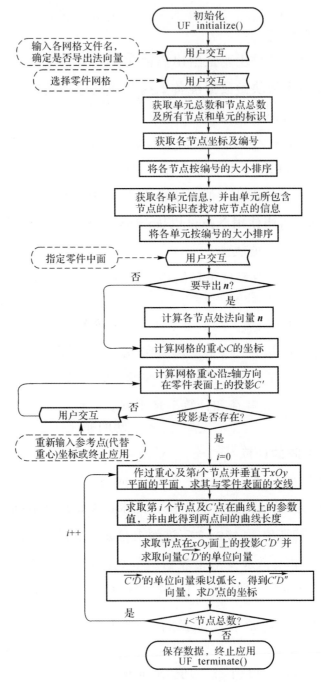

图 2.4　几何映射方法求取零件毛坯网格的程序流程图

（3）计算应变和有效应变对毛坯初始节点位置的二阶偏导。类似于一阶偏导的求取方法，用链式法则，通过求 $\dfrac{\partial^2 \boldsymbol{\varepsilon}_i}{\partial \lambda_a \partial \lambda_\beta}$，$\dfrac{\partial^2 \boldsymbol{\varepsilon}_i}{\partial \lambda_a \partial m_\beta}$，$\dfrac{\partial^2 \boldsymbol{\lambda}_i}{\partial c_a \partial c_\beta}$，$\dfrac{\partial^2 \boldsymbol{m}_i}{\partial c_a \partial c_\beta}$，$\dfrac{\partial^2 \boldsymbol{c}_i}{\partial X_k \partial X_l}$，$\dfrac{\partial^2 \bar{\boldsymbol{\varepsilon}}}{\partial \varepsilon_a \partial \varepsilon_\beta}$ 以及应变对毛坯初始节点位置的一阶微分中得到的数据，计算得到所求的二阶微分。

（4）由以上所计算的数据，根据式（2.27）计算对体积的积分，从而得到单元刚度矩阵。对于三角形常应变单元，当计算应变张量和有效应变张量及其微分时，选择单元内任意一点就可以了，而对于高次单元或壳元，则需选择积分点，使用数值积分的方法来求取体积上的积分。

2. 整体刚度矩阵的计算

将每个单元的刚度矩阵，根据式（2.25）按节点编号和元素编号叠加起来，就形成整体刚度矩阵。

3. 求解

使用 Newton-Raphson 迭代法，将待求解的非线性有限元方程化成线性方程组，迭代求出毛坯上对应节点的初始位置坐标。

工程分析模块的程序流程图如图 2.5 所示。

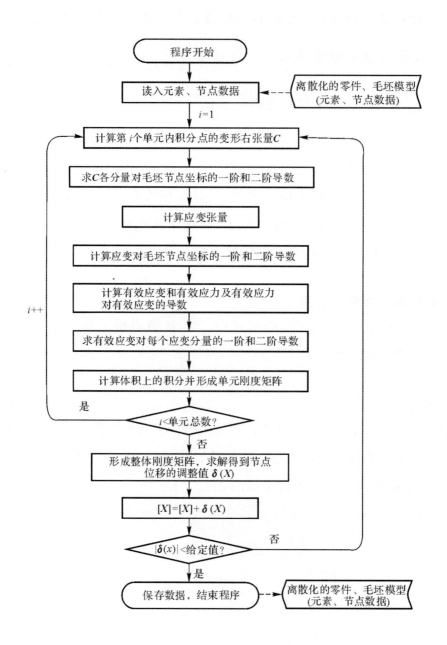

图 2.5　工程分析模块的程序流程图

2.3.2　计算结果及讨论

在 2.3.1 小节中,我们讨论了反向模拟的理论、编程思路及程序的具体实现,在这一小节,我们选择了两个简单而典型的算例,用于毛坯展开形状计算以及材料变形分析。

(一) 壁板零件一

图 2.6 所示为一典型壁板零件。我们对该零件进行成形性分析以及毛坯展开设计。零件网格共有 2 201 个单元,1 156 个节点。材料模型为刚塑性各向同性模型,所使用的材料应力应变曲线为 $\sigma = 305\varepsilon^{0.12}$ MPa。经 4 次迭代计算,得到的厚向应变分布如图 2.7 所示,而壁板展开形状如图 2.8 所示。

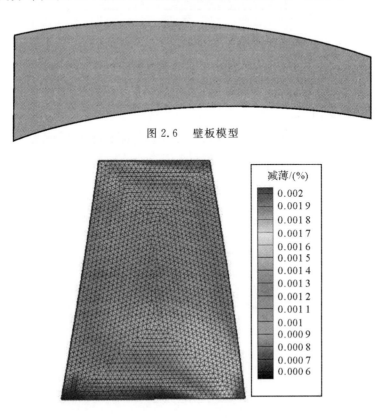

图 2.6　壁板模型

图 2.7　厚向应变分布

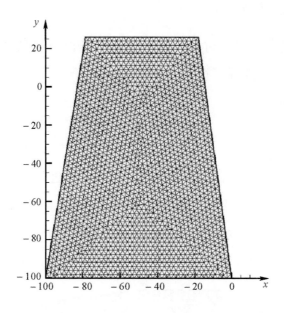

图 2.8　毛坯展开

（二）壁板零件二

图 2.9 所示为另一典型壁板零件。我们对该零件进行成形性分析以及毛坯展开设计。零件网格共有 2 802 个单元，1 406 个节点。材料模型为刚塑性各向同性模型，所使用的材料应力应变曲线为 $\sigma = 305\varepsilon^{0.12}$ MPa。经 3 次迭代计算，得到的厚向应变分布如图 2.10 所示，而壁板展开形状如图 2.11 所示。

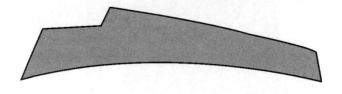

图 2.9　壁板模型

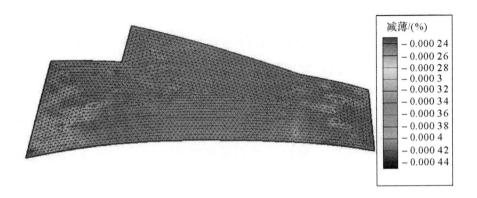

减薄/(%)
- 0.000 24
- 0.000 26
- 0.000 28
- 0.000 3
- 0.000 32
- 0.000 34
- 0.000 36
- 0.000 38
- 0.000 4
- 0.000 42
- 0.000 44

图 2.10　厚向应变分布

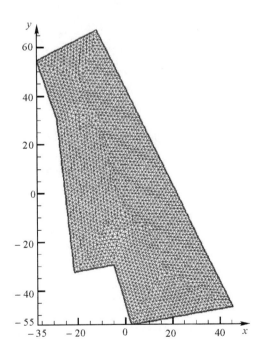

图 2.11　毛坯展开

（三）材料模型对分析结果的影响

图 2.12 所示是一个有缺口的三角形盒形件，所用网格共有 860 个单元，464 个节点。我们分别选取材料模型为各向同性模型和厚向异性模型对其进行变形分析。其中，各向同性材料模型的应力应变曲线为 $\bar{\sigma} = 162.7 \times (0.008 + \bar{\varepsilon})^{0.24}$ MPa。为了便于对比，厚向异性材料模型除厚向异性指数为 $r = 1.7$ 外，其余参数不变。两种模型在计算时的迭代次数都在 15 次之内。

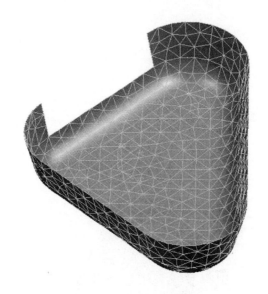

图 2.12　有缺口的三角形盒形件

材料模型不但对钣金件成形时的应变分布有一定的影响，而且对毛坯轮廓也有一定的影响。图 2.13 所示就是在上述的两个材料模型下，经分析得出的毛坯形状的对比。图中内部线条为初始网格，外部线条为调整后的网格。

除了材料模型对结果有一定的影响外，单元的密集程度、单元的均匀程度以及初始毛坯上节点的位置与真值之间的误差大小等都会对模拟结果产生一定的影响，限于篇幅，这里不再讨论。

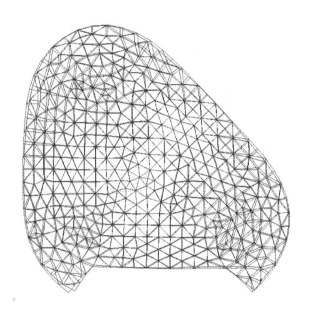

图 2.13　使用两种不同的材料模型得到的毛坯形状对比

2.4　关键技术研究与实现

本节主要介绍上一节程序实现中一些关键技术的处理方法,包括有限元网格节点编号的优化、总体刚度矩阵的存储和方程组的解法。

2.4.1　有限元网格节点编号优化

有限元分析系统的主要部件包括:

(1)数据结构库。

(2)结构单元库。

(3)总刚度矩阵的集成与求解模块。

(4)主控程序及后处理等其他模块。

由数值计算的经验可知,部件(3)的求解时间约占总求解时间的 50% 以上。由此可见,部件(3)直接影响着有限元分析效率。

因此,有必要对总刚度矩阵的特点进行分析。

1. 对称性

总刚度矩阵由单元刚度矩阵叠加而成,与单元刚度矩阵一样是对称的,即 $\boldsymbol{K}_{ij} = \boldsymbol{K}_{ij}^{\mathrm{T}}$,因此可以只存储对角线一侧的元素。

2. 稀疏性

总刚度矩阵是一个稀疏矩阵,对于节点较多的网格,绝大多数元素都是零,非零元素只占一小部分。

3. 奇异性

整体刚度矩阵同单元刚度矩阵一样,都是奇异阵。其物理意义是,整个结构在无约束条件下可做刚体运动。因此在求解时,须引入约束条件,以消除刚体位移,即消除刚度矩阵的奇异性。

4. 非零元素带状分布性

总刚度矩阵的非零元素一般分布在主对角线两侧一条不太宽的带内。总刚度矩阵每行第一个非零元素到该行主对角线元素的数目称为该行的半带宽。

利用其对称性、带状性的特点,采用适当的方法,只存储包含主对角线在内的半带宽以内的元素,可节省很多存储空间。在有限元计算中,若总刚度矩阵各行按不同的行宽存储,称为变带宽存储。如果按照半带宽进行存储,称为等带宽存储方法。在此约定,半带宽记作 H,最大半带宽记作 $H_{\max}$,有

$$H = (\text{节点 } i \text{ 的单元节点编号之差} + 1) \times \text{节点自由度}$$

$$H_{\max} = \max\{H_i\}, \quad i = 1, 2, \cdots, n \quad (n \text{ 为节点数})$$

不同的网格节点编号方法会产生不同的单元节点编号之差,因此,采用一种适当的网格节点编号方法,使最大单元节点编号之差极小化,即 $H_{\max}$ 极小化,可以有效节省存储空间。

(一) 有限元网格节点编号方法概述

减小带宽的算法主要有三种:直接减小算法(Direct Reduction Algorithms)、图论算法(Graph Theory Algorithms)和混合算法(Hybrid Algorithms)。自 20 世纪 60 年代以来,国内外许多学者对节点编号的优化算法进行了研究。

1. 基于图论的 CM 算法

利用图和矩阵的相互表示方法,以图的形式表示出有限元网格模型中的节点。根据顶点的拓扑关系,将图分层,对分层结构中的顶点给予重新编号,使各顶点与其他相邻顶点在重新编号中顺序相近。该方法虽能够高效地减小对称稀疏矩阵的带宽,但需要选择低度顶点为根,对不同编号的带宽进行对比,存在较多的重复计算。

2. 基于图论的 GPS 算法

该方法分三个阶段:寻找伪直径顶点、层次结构宽度极小化和节点重新编号。在图论中两个顶点距离不同于一般几何意义下的距离,它是两个顶点的层次之差,达到最大距离的两个顶点称为直径顶点。采用该方法处理后,虽然能减少 CM 方法的重复计算量,但复杂的图论理论使算法本身的复杂度难以预估,算法效率不高。

3. 行列交换法

通过交换矩阵的行和列,并对不同编号的带宽进行对比,寻找到相对较小的带宽值,也存在较多的重复计算,在效率上还不如 CM 算法。

4. 波前法

寻找到所在单元最少的一个边角节点,编号为 1,依次对未编号的节点按向外扩张的方法进行编号,直到所有节点都已编好为止。该方法与 CM 算法有所类似,但较 CM 算法容易实现。

5. 矩阵法

模拟一个简单的矩形区域按行(或列)编号,将节点的编号转化为节点空间位置的排序。大多数情况下,矩形法比波前法更节省内存。该方法适用于平面四边形单元和壳单元。

6. AD 算法

该算法通过和值、平均量和跨度的大小来重新决定节点的编号。在实际应用中,AD算法的极小化效果非常明显,在有些情况下,甚至超过了之前介绍的几种算法。虽然该算法优化的效果明显,算法简单,但计算工作量较大,当网格单元数较多时,搜索时间较长。

下面以 AD 算法为基础,对其进行改进,将优化目标的多约束条件通过惩罚处理变成单一约束条件,大大减少了算法的复杂程度,并采用给定收敛条件的方法避免了算法中循环出现不收敛的情况,可作为网格节点编号优化排序子模块加入正向有限元分析系统中。

(二)算法分析

从分析一个简单的具有最佳节点编号的三角形网格图出发,采用归纳、演绎的方法,对节点处于最佳排列(所形成总体刚度矩阵带宽值最小)时网格节点所具有的一些特征进行分析,得到若干条规律,以此作为重新编号的原则。

图 2.14 所示是具有较优节点编号的三角形网格图,它的最大同单元节点编号差值为3。通过分析可得到如表2.1所示的特征。其中,节点商是指相关单元节点编号总和(包括重复的)除以相关单元个数的商;最大最小编号和是指相关单元节点最大编号和最小编号之和。

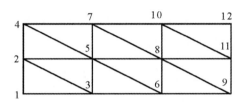

图 2.14　具有最优节点编号的三角形网格图

表 2.1　最优节点编号的特性

节点号	相关单元个数	相关单元节点编号	相关单元节点编号总和	节点商	最大最小编号和
1	1	1,2,3	6	6	4
2	3	1,2,3　2,3,5　2,4,5	27	9	6
3	3	1,2,3　2,3,5　3,5,6	30	10	7
4	2	2,4,5　4,5,7	47	15.6	10
5	6	2,3,5　2,4,5　4,5,7　3,5,6　5,6,8　5,7,8	94	15.6	11
6	3	3,5,6　5,6,8　6,8,9	34	17	12
7	3	4,5,7　5,7,8　7,8,10	44	22	14
8	6	5,6,8　5,7,8　7,8,10　6,8,9　8,9,11　8,10,11	140	23.3	15
9	2	6,8,9　8,9,11	70	23.3	16
10	3	7,8,10　8,10,11　10,11,12	87	29	19
11	3	8,10,11　10,11,12	90	30	20
12	1	10,11,12	33	33	22

由表 2.1 可以总结出以下较明显的两条规律：

（1）节点商随节点编号的增加而增大，有可能相等。

（2）节点的最大最小编号和随点编号的增加而增大，有可能相等。

即节点商和最大最小编号和与节点编号正相关。对于任意网格，这两条规律并非是处于最优带宽时的充要条件，但是，当网格节点编号满足上述规律时，一定具有较小的带宽值，但不一定是最小的带宽值。

在算法中，综合考虑这两条规律，将节点商作为主要判据，节点的最大最小编号和作为惩罚条件引入，把多约束条件处理变成单一约束条件，消除了节点商相等的情况。数学表达式为

$$A = A_1 + A_2 \times k \qquad (0 < k < 1) \tag{2.108}$$

式中　A_1——节点商；

　　　A_2——最大最小编号和；

　　　k——一个任意值。

重编号的原则是 A 值大的编号大。在程序中，为了避免出现不收敛的情况，需给定一个收敛条件 δ，这个值可以根据预期达到的目标自行调整。

在程序的具体编制中，以计算同单元节点编号最大差值替代带宽值。优化程序流程图如图 2.15 所示。程序主要执行步骤如下：

（1）从数据文件中读取网格的节点总数、单元总数和单元拓扑结构并建立相应数组。

（2）给定收敛条件 δ。

（3）计算出初始网格数据的同单元节点编号最大差值，记作 $M_0 (i = 0)$。

（4）搜索节点并运算出各节点的相关单元个数、相关单元节点编号总和（包括自身和重复的节点编号）、最大最小编号和以及节点商。

（5）遵照上述判据，A 值大的编号大，对各节点重新编号。

（6）计算出第 i 次优化后的同单元节点编号最大差值，记作 M_i。

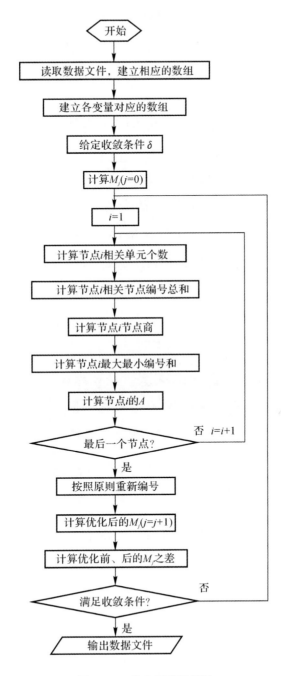

图 2.15　优化程序流程图

（7）比较优化前后同单元节点编号最大差值，如果 $|M_i - M_{i-1}| > \delta$，重复步骤（4）和步骤（5）；如果 $|M_i - M_{i-1}| < \delta$，则循环终止。

（三）计算实例与分析

这里通过3个实例予以说明该方法的实用性。数据中的带宽值计算公式为

$$带宽 = （同单元节点编号最大差值 + 1） \times 2（平面自由度）$$

计算中，收敛条件 δ 取30，即两次的带宽值之差在30之内，则程序终止。

实例1：如图2.16所示的钣金件模型，采用 UG 划分网格，分别用初始网格和加密后的网格数据进行优化后对比。表2.2中的数据可以说明，优化后，带宽值减少80%左右，对于加密的网格，循环次数并没有明显增多。

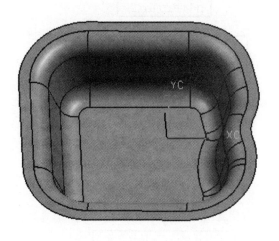

图2.16　钣金件模型

表 2.2　数据对比

网格	单元数	节点数	初始带宽	循环一次带宽	减少率	循环终止带宽（循环次数）	总减少率
初始网格	1 709	896	1 768	656	61.61%	440(6)	75.11%
加密网格	4 896	2 419	4 684	2 264	53.75%	810(7)	82.71%

实例2：如图2.17所示的钣金件模型，分别采用 UG，ANSYS 和 AQBUQS 三种软件划分网格，并对提取的数据进行优化。表 2.3 中的数据可以说明，对这三种不同软件提取的网格数据，该方法都有效，优化后，带宽值可以减少 80% 左右。

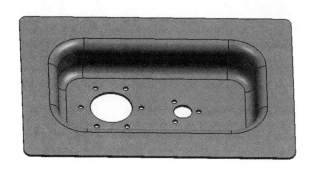

图 2.17　钣金件模型

表 2.3　数据对比

所用软件	单元数	节点数	初始带宽	循环一次带宽	减少率	循环终止带宽（次数）	总减少率
UG	4 908	2 573	4 984	2 385	52.15%	1 054(10)	78.85%
ANSYS	5 162	2 688	3 662	2 046	44.13%	792(6)	78.37%
AQBUQS	6 972	3 626	7 178	3 862	46.19%	954(8)	86.71%

实例 3:如图 2.18 所示的钣金件模型,采用 UG 划分网格,将直接提取的数据和优化后的网格数据,用于在同等条件下进行对比计算。零件共划分网格单元 5 228 个,节点 2 793 个,直接提取的网格数据带宽值是 3 508,程序迭代一次的时间为 2 260 s;优化后的网格数据带宽值是 856,减少了 75.6%,程序迭代一次的时间为 480 s,时间上节省了 78.76%,并节省了 79 MB 的内存空间。

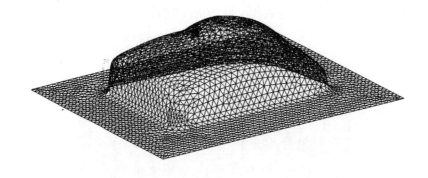

图 2.18　零件网格模型

此处所采用的方法是一种改进的 AD 算法,通过归纳、演绎的方法,对具有较优节点编号的三角形网格图进行分析,得到构成刚度矩阵带宽值最小时的一些特征,并根据这些特征制定重新编号的原则,通过引入惩罚条件将优化多目标约束条件处理成单一约束条件,对节点编号进行优化。虽然该方法的收敛性无法从数学上予以证明,但通过给定收敛条件的办法可以有效地避免。通过大量的应用实例表明该方法不仅效果明显且稳定可靠,且编程易实现。

对于任意的有限元网格,该方法优化的结果和初始的网格节点编号有一定的关系,不过通过循环运算,影响并不是很大。利用该方法优化得到的是较优解,但不一定是最优解。程序迭代一次带宽可以减少 50% 左右,通过给定适当的收敛条件,循环几次后带宽减少率基本在 75% 以上,甚至更高,效果明显。

2.4.2　刚度矩阵储存与方程组求解

有限元程序由于大量的数据需要存储和处理,总体刚度矩阵采用合适的存储方法,能尽量小的占用内存空间,节省处理时间,通过网格节点编号优化后,大量的零元素从带宽范围内移走,存储时,也没有必要存储这些零元素。本节中,方程组的求解方法采用了基于等带宽的 LU 三角分解法,不存储零元素,也可以有效地减少分解的元素,更好地利用网格节点编号优化的结果,缩短求解时间。

(一)刚度矩阵储存

在网格节点编号优化的基础上,整体刚度矩阵采用二维等半带宽储存,在具体存储总体刚度矩阵的时候,只需要改变原来的行列码。若把元素原来的行、列码记做 i,j,它在二维数组中新的行、列码记做 i^*,j^*,则有

$$\left.\begin{aligned} i^* &= i \\ j^* &= j - i + 1 \end{aligned}\right\} \tag{2.109}$$

如在原刚度矩阵中的元素 K_{57},在二维等带宽存储中则为 K_{53}。

(二)方程组求解

三角分解法求解方程组的关键是对系数矩阵进行分解。由于系数矩阵 $\boldsymbol{K}$ 是对称矩阵,分解可以得到

$$\boldsymbol{K} = \boldsymbol{L}\boldsymbol{D}\boldsymbol{L}^{\mathrm{T}} \tag{2.110}$$

根据矩阵乘法规则,有

$$\boldsymbol{k}_{ij} = \sum_{r=1}^{n} \boldsymbol{l}_{ir}\boldsymbol{d}_{rr}\boldsymbol{l}_{ri}^{\mathrm{T}} = \sum_{r=1}^{n} \boldsymbol{l}_{ri}^{\mathrm{T}}\boldsymbol{d}_{rr}\boldsymbol{l}_{ri}^{\mathrm{T}} \tag{2.111}$$

其中，k_{ij}，l_{ir}，d_{rr} 和 l_{ri}^{T} 分别为矩阵 $\boldsymbol{K}$，$\boldsymbol{L}$，$\boldsymbol{D}$ 和 $\boldsymbol{L}^{\mathrm{T}}$ 中的元素。由于 $\boldsymbol{L}$ 和 $\boldsymbol{L}^{\mathrm{T}}$ 互为转置，因此有 $l_{ir}=l_{ri}^{\mathrm{T}}$，而 $\boldsymbol{L}^{\mathrm{T}}$ 是上三角矩阵，有

$$\left.\begin{array}{ll}当 r>i 时，& l_{ri}^{\mathrm{T}}=\boldsymbol{0} \\ 当 r>j 时，& l_{rj}^{\mathrm{T}}=\boldsymbol{0}\end{array}\right\} \tag{2.112}$$

k_{ij} 为 $\boldsymbol{K}$ 中上三角矩阵中的元素时，则 $j \geqslant i$，因此式（2.111）中求和 $r=1 \sim n$ 可写成 $r=1 \sim i$，而方程式（2.111）可写为

$$k_{ij}=\sum_{r=1}^{i} l_{ri}^{\mathrm{T}} d_{rr} l_{ri}^{\mathrm{T}}=\sum_{r=1}^{i-1} l_{ri}^{\mathrm{T}} d_{rr} l_{rj}^{\mathrm{T}}+l_{ii}^{\mathrm{T}} d_{ii} l_{rj}^{\mathrm{T}} \tag{2.113}$$

$\boldsymbol{L}^{\mathrm{T}}$ 是单位上三角矩阵，因此对角元素 $l_{ii}^{\mathrm{T}}=1$。由式（2.113）可得到递推公式

$$\left.\begin{array}{l}d_{rr} l_{ri}^{\mathrm{T}}=\boldsymbol{S}_{ii}=k_{ij}-\displaystyle\sum_{r=1}^{i-1} l_{ri}^{\mathrm{T}} d_{rr} l_{rj}^{\mathrm{T}} \\[4mm] l_{ij}^{\mathrm{T}}=\boldsymbol{S}_{ij}/\boldsymbol{d}_{ii}\end{array}\right\} \tag{2.114}$$

需要注意的是，$\boldsymbol{S}_{ii}=\boldsymbol{d}_{ii}$。

二维等带宽存储与原系数矩阵行列码之间的关系如式（2.109）所示，二维存储的带宽为 D，并令 $J=j^{*}=j-i+1$，式（2.114）可以改写为

$$\left.\begin{array}{l}\boldsymbol{S}_{iJ}=\begin{cases}k_{iJ}-\displaystyle\sum_{r=J+1-D}^{i-1} l_{r,i-r+1}^{\mathrm{T}} d_{r1} l_{r,J+i-r}^{\mathrm{T}}，& 当 J<D \\[4mm] k_{iJ}，& 当 J=D 时\end{cases} \\[8mm] l_{iJ}^{\mathrm{T}}=\boldsymbol{S}_{iJ}/\boldsymbol{d}_{ii}\end{array}\right\} \tag{2.115}$$

行列循环的范围为

$$\left.\begin{array}{l}i=2,3,\cdots,n \\ J=1,2,\cdots,D \\ r=J+i-D,\cdots,i-1\end{array}\right\} \tag{2.116}$$

2.5 整体壁板高效切削和变形控制

新支线飞机超临界机翼整体壁板的研制是我国机翼制造技术的飞跃，该

类零件的数控加工是机翼整体壁板研制项目的关键环节之一,也是开展喷丸成形研究、装配钻铆研究的前提。

新支线飞机整机有机翼壁板 15 块,均为不带长桁的变厚度结构。其中,下中壁板毛坯长 12.6 m、宽 1.4 m;上后壁板长 12.6 m、宽 2.5 m,是目前国内研制的轮廓尺寸最大的无长桁整体机翼壁板,如图 2.19 和图 2.20 所示。由于具有复杂的设计结构以及容易产生较大变形的工艺特点,机翼壁板数控加工难度增加。

图 2.19　新支线飞机机翼下中壁板

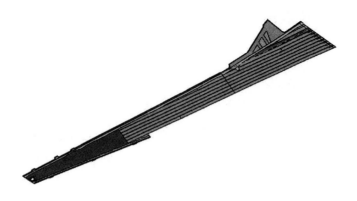

图 2.20　新支线飞机机翼上后壁板

通过对大型整体式壁板数控加工工艺技术的研究,同时借鉴国内外先进加工技术,总结出一套合理、高效且能有效减少和控制壁板变形的超大型整体式壁板零件的数控加工技术十分重要。

2.5.1　壁板结构分析

新支线飞机机翼整体壁板的总体轮廓为不规则多边形,沿翼展方向壁厚逐渐变化,翼根处最厚,翼梢处最薄,并且有以下结构特点:

(1)外轮廓尺寸大,从 6 600 mm×1 600 mm 到 13 000 mm×2 500 mm;壁板自身结构刚性差,在自由状态下展向翘曲大。

(2)壁板内表面具有十分复杂的凸台结构,使壁板的展向截面、弦向截面均呈不规则的阶梯式厚度变化,这种结构特征决定了壁板加工后必然有"外凸内凹"或"外凹内凸"倾向的展向变形和弦向变形,难以预测。

(3)有些壁板内表面有突出的局部加强凸台和大的椭圆形开口,这种结构特征会引起壁板加工后局部出现更为复杂的变形。

(4)机翼上壁板在机翼前缘和后缘有曲率急剧增大的弦向弯曲,需直接由数控加工成形,从而造成数控加工后容易出现扭曲变形。

2.5.2　主要技术难题

(一)壁板加工变形的控制

新支线飞机机翼整体壁板为大型变厚度结构件,厚度变化大,材料去除量差异较大,故加工过程中及加工后工件变形大,易产生翘曲甚至卷曲变形,造成装夹困难,尺寸难以协调。而过大的加工变形会对后续的喷丸加工、装配造成不利影响,因此,如何控制、减少加工变形,是必须解决的难题。壁板在加工过程中的主要变形趋势有 3 类。

1. 展向变形

由于壁板零件沿翼展方向厚度变化较大,并且有大量不规则斜面凸台,因而零件加工中余量去除极不均匀,出现较大的展向变形。

2. 弦向变形

壁板零件沿内蒙皮表面弦向呈不规则的阶梯式厚度,零件弦向去除余量差异大,加工中易产生应力,导致机加后弦向变形也十分明显。

3. 局部扭曲和鼓动变形

壁板零件的内表面存在大量不规则结构,在加工中最易产生应力集中,造成壁板零件的局部扭曲和鼓动变形。

(二) 提高加工效率的问题

新支线飞机机翼壁板材料去除余量大,通常会达到 90% 以上。因此,高效加工技术的应用是降低加工周期、减少加工成本的关键。

(三) 零件的装夹和定位问题

大型壁板的装夹和定位是保证数控加工的关键环节,但新支线飞机壁板展开后蒙皮外表面不是一个平面,仍然有凸出的斜面凸台,不能直接采用传统的通用真空平台进行真空吸附装夹,这给壁板加工带来很大困难。因此,如何利用现有设备资源,实现壁板零件的加工,避免巨大的工装成本是必须解决的一项技术难关。

(四) 零件的吊装、翻转及运输

大型壁板毛料的吊装、翻转和运输十分困难,毛料要吊装、入厂,工件要在有限的空间范围内吊装、翻转,操作难度很大。通过对超大超宽薄板类零件生产周转、保护等技术环节的深入讨论,掌握大型壁板在制造过程中搬运、起吊、翻转和保护的方法也十分重要。

2.5.3 主要技术创新点

(一)控制壁板加工变形的方法

1. 按不同加工阶段确定余量分配,使各工序的变形有利于下一工序的装夹和加工成形

首先,通过铣平面的余量分配来控制壁板变形是控制壁板加工变形的有效方法。在新支线飞机机翼壁板的研制中出现过两个问题:铣平面时去除的余量太小时,壁板的最终变形会很大,给后续喷丸成形造成极不利的影响;铣平面时去除的余量过大时,造成加工过程中变形大,壁板翻面后真空吸附失效无法装夹,需要采取补救措施,带来很大的麻烦。因此,需要通过试验来确定壁板上下去除余量的分配,使壁板翻面后可以得到更好吸附和装夹。

其次,需要结合壁板加工的变形规律,在不同加工阶段采用不同的余量分配和装夹方式,使各工序的变形倾向有利于下道工序的装夹和加工,从而控制最终的加工变形,给喷丸成形创造有利的条件。壁板加工变形趋势和装夹状态如图 2.21 所示。

2. 采用应力释放槽控制变形

通过在壁板零件加工过程中设置应力释放槽,释放壁板加工中产生的应力,是一项重要的技术创新。这种方法便于壁板加工时的装夹吸附,控制最终的加工变形。壁板加工应力释放槽示意图如图 2.22 和图 2.23 所示。

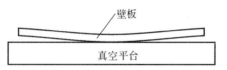

状态一：加工完上、下基准平面后，壁板的自由状态

状态二：壁板外表面加工时的压紧状态

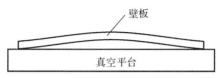

状态三：壁板外表面加工完后的自由状态

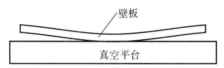

状态四：壁板内表面加工前的自由状态

图 2.21　壁板加工变形趋势和装夹状态示意图

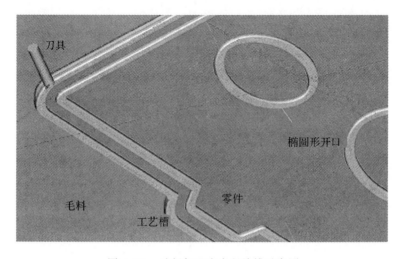

图 2.22　壁板加工应力释放槽示意图

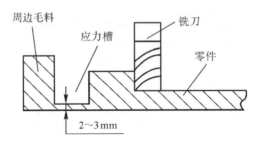

图 2.23　壁板加工应力释放槽剖面示意图

3. 对称加工变形控制方法

采用对称加工模式是控制零件加工变形的有效手段之一。通过均匀对称的去除壁板表面余量,让壁板产生的应力均匀释放,从而减小最终变形。壁板的区域对称加工策略如图 2.24 所示。

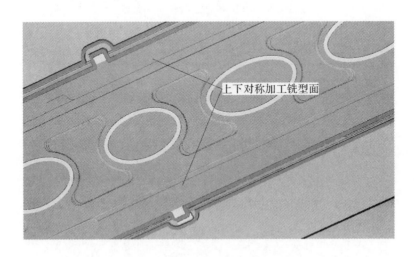

图 2.24　壁板的区域对称加工策略

4.选择和保持刀具锋利切削,最大限度减少加工中衍生在工件表面的切削应力

锋利的刀具对于壁板加工切削十分重要,它不但影响到数控机床的加工效率,而且直接影响到零件加工质量,是控制零件加工变形的一种有效手段。锋利的刀具在切削零件时,可以产生较少的切削热,减少零件切削挤压应力的产生,从而减少和控制零件的变形。控制刀具的使用寿命,保持刀具的锋利切削,是控制零件加工变形和表面质量的必要措施。

通过以上零件加工变形的控制,保证了壁板零件在 13 m 长范围内加工变形量不大于 10 mm,为后续喷丸成形提供了有力的保证。新支线机翼壁板变形状况见表 2.4。

表 2.4　新支线机翼壁板变形记录

零件图号	位置	第一件变形量 mm	第二件变形量 mm	第三件变形量 mm
572A1000-017-001	弦向	6.3	4.4	3.2
	展向	6.9	6.3	4.2
572A1000-018-001	弦向	8.5	7.4	6.1
	展向	9.6	8.7	9.7
572A2000-014-001	弦向	5.8	4.6	2.7
	展向	6.6	4.8	3.4
572A2000-015-001	弦向	7.6	5.7	4.6
	展向	8.3	7.9	7.6
572A2000-016-001	弦向	7.8	4.8	5.9
	展向	8.7	7.6	8.1

（二）应用高效加工技术，提高切削效率

采用 ϕ63 mm 大直径机夹式刀具对壁板绝大多数部位进行数控加工，优势十分突出。如图 2.25 所示，其良好的切削性能，满足高速加工需要，以较低的成本实现了壁板的高速高效加工。结合 3000B 机床最高转速 10 000 r/min 和功率大的特点，切削线速度达到了 1 582 m/min，进行大余量切削，大大提高了零件的加工效率，实现了壁板高效加工，缩短了加工周期。机夹式刀具和传统整体刀具切削效率对比见表 2.5。

图 2.25 壁板大余量切削刀具的高速加工

表 2.5 机夹式刀具和传统整体刀具切削效率对比

刀具名称	转速 r/min	切削深度 mm	切削宽度 mm	加工速度 mm/min	材料去除率 cm³/min
整体刀具 （ϕ30）	8 000	3	15	3 000	135
机夹式刀具 （ϕ63）	9 000	5	40	5 000	1 000

此外,为了提高加工效率,针对壁板加工策略和切削参数,进行了大量持续的优化,先后采取编程策略优化、仿真切削优化等手段,使加工效率有了大幅度的提高。

(三) 大型壁板的定位装夹方法

新支线机翼壁板的蒙皮外表面展开后不是一个平面,仍然有凸出的斜面凸台,不能直接采用传统的通用真空平台进行真空吸附装夹。按照常规方法,需要采用专用工装装夹壁板才能进行数控加工。但要制造能满足新支线机翼壁板加工的超大专用工装成本太高,浪费巨大。为此,利用现有的机床设备,在满足加工的前提下,以最小的成本实现新支线机翼壁板的数控装夹。实施步骤如下:

(1) 将所有新支线机翼壁板在机床平台上的装夹位置在计算机上进行模拟布局,设计最合理的装夹位置。

(2) 在机床通用真空平台上设置壁板局部结构沉放槽,针对所有新支线机翼壁板设计制造组合垫板。

(3) 在每项壁板数控加工前,将组合垫板进行拼装,满足相应的壁板结构,然后进行常规的真空吸附装夹。

这种技术方法不仅节省了大量的工装研制成本,也减少了加工不同壁板零件更换和准备工装的时间,大大提高了装夹效率。壁板数控加工时的组合垫板如图 2.26 和图 2.27 所示。

(四) 壁板的吊装、翻转及运输

大型壁板毛料的吊装、翻转和运输是生产研制中十分困难、具有一定危险性的环节,涉及机床设备、产品、人身的安全。大型超长毛料要入厂、吊装,工件要在有限的空间范围内吊装、翻转,操作难度很大。

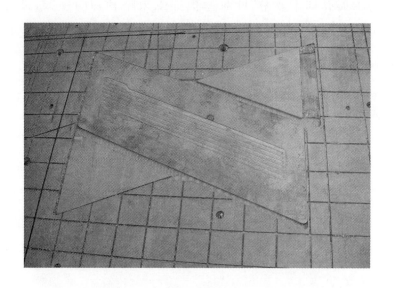

图 2.26　壁板数控加工时的组合垫板(状态一)

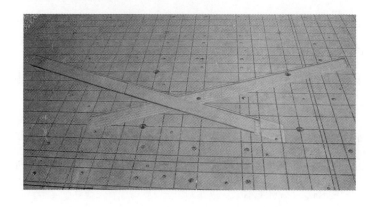

图 2.27　壁板数控加工时的组合垫板(状态二)

　　通过工程实践,本节总结出了超长超宽薄板类零件进行吊装、翻转、生产周转、安全保护的基本方法。通过应用大型真空吸附吊挂、设置大型壁板专用翻转区、大型壁板钳工专用操作平台、大型壁板专用停放区、应用大型成形壁板专用运输车、制定大型壁板吊装翻转安全制度等一系列措施,保障新支线飞机壁板的吊装、翻转、周转环节的安全。大型壁板的真空吸附吊装如图 2.28 所示。

图 2.28　壁板的吊装

第3章 现代喷丸成形设备及其性能试验设计

对于新型超临界机翼壁板喷丸成形,本章采用的研究思路如图3.1所示,其基本实现过程是以代表机床成形特性的饱和曲线数据和条带喷丸成形基础试验数据为工艺基础数据库,采用一套数字化系统通过分析壁板 3D 数模来预定成形马鞍形或双拱形复合曲面所需的喷丸路径和喷丸强度,进而通过数控加工程序与数控设备相结合,实现机翼壁板喷丸成形工艺设计和制造的数字化。

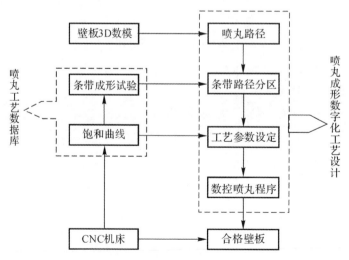

图 3.1　大型壁板喷丸成形研究思路

与传统全面宽幅扫射喷丸成形一样,条带喷丸成形根据被喷工件是否施加预应力的情况分为自由和预应力两种类型。本章是以自由状态的条带喷丸成形为研究对象,研究重点是以饱和曲线为基础,进行了大量条带喷丸成形基础试验研究,主要研究内容:

1. 条带喷丸基本特性的研究

喷丸机床因本身结构的差异、喷嘴的不同、弹丸的不同等都会影响喷丸成形效果,为了提高条带喷丸工艺的通用性,减少条带喷丸基础试验的复杂程度,本章提出使用喷制不同强度的饱和曲线来表征机床成形性能,并用喷丸强度大小来唯一确定特定弹丸规格的喷丸条带。并提出用等强度方法来确定喷丸条带的有效宽度,对影响条带宽度的主要因素进行了试验研究,分析了各因素影响程度,确定了后续条带成形基础试验的有关参数。

2. 条带喷丸成形基础试验研究

设计了标准规格的单元件试板,进行了不同材料、不同厚度、不同喷丸强度下条带成形效果的试验研究,建立了特定材料成形曲率半径、厚度和喷丸强度的关系数据,为确定壁板喷丸成形参数提供依据。

3.1　喷丸成形设备

按照推进弹丸的方法,喷丸成形机可以分为两类:气动式喷丸和离心式喷丸成形机。气动式喷丸机依靠压缩空气驱动喷丸,弹丸从压缩空气的喷嘴系统获得动能。这种喷嘴系统比较简单,尺寸小,成本低,既可机动又可手提,因而在早期的喷丸设备中得到广泛的应用。离心式喷丸机又称叶轮式喷丸机或抛丸机。它依靠高速旋转的叶轮产生的离心力将弹丸抛出,撞击受喷材料表面,进行成形与强化。在旋转叶轮的带动下,弹丸速度可高达 120 m/s。强大的抛射能力,以及对此能力进行控制的方便、快速与准确是离心式喷丸机的特点。

为适应日益复杂的整体壁板结构及高质量要求,20 世纪 80 年代推出的叶轮式抛丸机采用了计算机数字控制(CNC)系统,采用这一系统后,抛丸机具备了功能强大和控制精确的优点,抛丸成形的加工能力、加工质量、效率及效益得到全面提高。CNC 抛丸机的控制原理如图 3.2 所示,其中工件与抛头的相对位置也可以通过抛丸装置的运动实现。

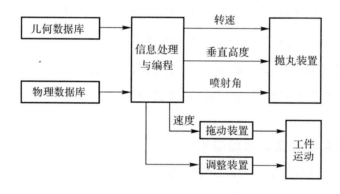

图 3.2　CNC 抛丸机系统原理图

3.1.1　大型数控喷丸机床的主要特征分析

喷丸成形是一种在常温下进行的无模成形技术,壁件的外形完全取决于喷丸工艺参数和喷丸方法,在弹丸选定后,喷丸成形操作中的主要变化量为喷射角度、喷丸距离、弹丸流量、工件(或喷嘴)移动速度、气压及喷射位置等诸多工艺参数。现代大型飞机机翼壁板外形曲率和蒙皮厚度沿弦向和展向呈双向变化,相应要求在成形过程中要针对不同区域不断变化工艺参数,传统老式喷丸成形设备对上述参数均采用人工调节和控制,无法适应新型机翼壁板研制的需要。自 1981 年波音公司首次将数控技术引入叶轮式抛丸机,并成功完成 B747 客机马鞍形壁板成形以来,现代 CNC 数控喷丸成形设备已经广泛采用传感器技术,能够对喷丸成形全过程实现实时全参数监控,这种 CNC 喷丸成形设备最大优势是壁板成形的工艺一致性好,壁板成形后应力程度降低,为确定喷丸工艺参数所需试验和材料消耗减少,成形效率和质量得到显著提高,对精度要求很高的复杂机翼壁板喷丸成形技术的攻克和进步起到了积极作用,可见喷丸成形设备的更新换代也推动着喷丸成形技术的快速发展,两者相辅相成。

3.1.2　结构设计特点

喷丸机床的发展基本上可以分为两种类别:其一是按弹丸驱动方式不同可分为气动重力式、叶轮重力式和气动直压式,早期的喷丸机床大多是按重力式原理,弹丸靠自重从上部储弹箱流到喷嘴后,靠压缩空气在喷嘴后端将弹丸加速从喷嘴前端吹出,此种机床因弹丸加速行程很短,喷打能量有限,主要用于喷丸强化加工;其二是按喷嘴运动方式不同可分为手动式、机械式和计算机数控式,其中机械式后期采用了样板和液压仿型控制对喷嘴进行导向。现代先进数控喷丸机床在结构上改进很大,设备外观精致、密封可靠、噪声减小、没有弹丸泄漏等问题。设备主要构成包括喷丸室、工件装夹送进机构、喷嘴运动系统、喷丸发生器、弹丸回收和筛分系统、除尘装置以及控制系统等部分,其中喷嘴运动系统常采用多坐标运动的机械臂方式(见图 3.3),控制系统是在 SI-MENS 或 FANUC 等控制系统上开发的喷丸专用控制系统,并将弹丸流量、喷射气压等主要工艺参数由系统闭环控制,从而保证了喷丸成形的精度和效率。

20 世纪 90 年代中期成飞公司从美国 Pangborn 公司引进的国内首台 PLC 控制叶轮式抛丸机,尽管控制系统相对简单,但所具有的优良性能在型号机翼壁板研制和波音 B757—200 尾翼壁板成形中发挥了巨大作用。西飞公司在 2004 年从美国 ISPC 公司法国 SISSON LEHMANN 工厂引进了国内首台大型气动式数控喷丸成形机,型号为 MPPF20000/2500,可加工工件的最大尺寸为长 20 000 mm×宽 2 500 mm,控制系统是在 FANUC 16 基础上开发的专用控制软件,具有许多先进性能,为国内大型飞机机翼壁板的研制提供了保障。

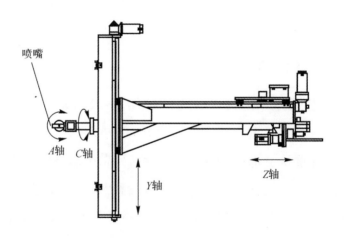

图 3.3　多坐标机械臂

新一代数控喷丸机是为了适应日益复杂的飞机整体壁板结构设计而快速发展起来的,其功能强大和控制精确的特点,不但全面提高了喷丸成形的加工能力、加工质量和效率,而且为用户提供了最先进、最柔性的过程控制器——"喷丸加工综合监控系统",此系统实时监控着喷丸成形过程中各主要工艺参数和机床的运行状态,并使用曲线图形和工艺参数自动分析记录仪为工艺工程师提供进行试验或进行 SPC 设计的工具。

机床控制系统不但可以准确控制喷嘴和工件的移动位置和速度,实现加工路径、加工参数的程序自动控制,而且能够监控弹丸循环系统的每一个环节,加快机床在硬件上对各种工艺参数的响应时间,如果某一系统部件不正确响应 CNC 指令或发生某种故障,喷丸成形加工就可自动中断,并可通过传感器颜色的变化显示故障部位(见图 3.4),在操作者排除故障之后,可以自动复位。图中带"SQ"标识的均为传感器,"YV"标识的为各种控制阀。

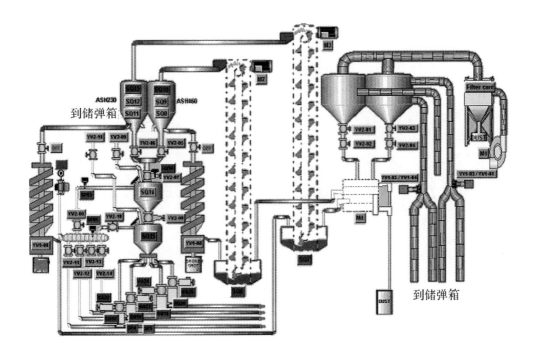

图 3.4　MPPF20000/2500 机床传感器设置

西飞公司 MPPF20000/2500 机床有两个水平卧式机械臂,每个臂上各装有 6 个喷嘴,每个喷嘴具有 4 个运动坐标,壁板工件通过机床立式框架装夹后悬挂送进,在工件通过喷丸室时可以实现双面对喷。在机床控制面板和数控加工程序中均可按壁板喷丸位置方便设定每个喷嘴的不同气压和弹丸流量,以适应壁板不同部位外形曲率和结构尺寸的变化。此机床能够同时装载

ASH230,ASH460 和 ASH660 三种规格的铸钢丸,不同弹丸的筛选分类方法如图 3.5 所示,可实现自动切换,不同弹丸的自动切换时间一般需要 20 min。在弹丸筛分方式上设有旋风分离器、多层振动筛分机和螺旋分离器等三种装置,其中多层振动筛分机上有自清理工具,能够防止筛网堵塞,而且在与喷嘴相连的输丸管道上装有电子开关,可识别弹丸在被更换前管道是否接到正确的料斗上。

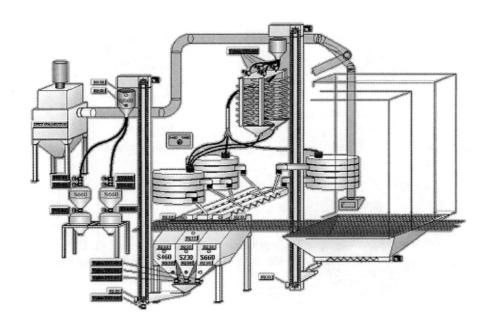

图 3.5　MPPF20000/2500 机床三种弹丸筛选方式

波音公司在首次引进 CNC 控制的喷丸机床后,支持 Homer 将有限元设计方法应用于喷丸成形,以实现喷丸成形工艺设计和加工过程的数字化控制。先后通过大量试验建立了相关数据库,并针对波音系列飞机机翼壁板材料和结构特征,建立了一些数学模型,可以预测壁板各处喷丸强度分布,实现了波音 B747 客机马鞍形机翼蒙皮喷丸成形过程的数字化控制,其喷丸加工路径、工艺参数和加工程序等都是由专用数控成形设计软件自动生成,成形效率很高。波音公司的此台设备和马鞍形成形技术获得了美国专利权。

3.1.3　弹丸流量控制

在复杂机翼壁板成形过程中,要求主要工艺参数应与工件上每个被喷部位的几何特征相适应,并且要具有高度的一致性和重现性。机械臂数控系统具有坐标位置准确度高、运动重复定位精度高等特点,可以保证喷丸部位和喷嘴运动的准确性。而弹丸流量是数控喷丸机控制的关键工艺参数,其控制技术一直是国内同类机床研制中的一个难题。

弹丸流量是指喷丸过程中单位时间内喷嘴或叶轮喷射出的弹丸质量,其单位为 kg/min,是影响喷丸强度的重要因素。而喷丸强度是喷射弹丸流动量特性的表征,是喷丸过程中需严格控制的主要技术指标,在喷丸成形中也有重要作用。弹丸流量的大小取决于弹流阀的打开程度,在先进喷丸机上常用机械阀门或磁阀门来控制弹丸流量,其中磁阀门主要用于铸钢或铸铁等铁磁性材料弹丸流量的控制。

喷丸机床上弹丸循环是一个复杂过程,不同机床采用的方式都存在不同程度的差异。MPPF20000/2500 喷丸机采用直压式喷丸发生器、螺旋推进器和斗式皮带提升机等装置来进行弹丸循环。为了保证喷丸加工中弹丸流量的连续稳定性,喷丸系统采用由两个完整压力罐构成的多级喷丸发生器(见图3.6)。一个压力罐直接装在另一个的下面,在喷丸过程中,下罐一直被充压以保证连续不间断的喷丸。所有的阀都装在罐外,在弹丸与阀接触的地方,采用气动收缩阀代替了传统的隔膜和活塞阀,每个阀都带有 12.7 mm 厚的纯橡胶抗磨衬垫。当阀闭合时,该系统的压缩空气施加于垫上,迫使阀关断,当阀开起时,压缩空气释放,阀恢复到原始张开状态,此时弹丸可以直接流过衬垫。

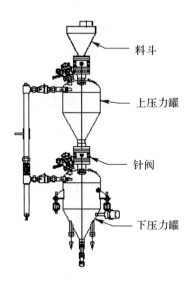

料斗

上压力罐

针阀

下压力罐

图 3.6　多级喷丸发生器

在进行正常喷丸加工时,上下罐之间的阀是闭合的,下罐带压,弹丸经橡胶管道流向喷嘴,经喷嘴出口进行喷丸。当下罐发出弹丸料位降低信号时,上罐上方的阀门关闭,同时罐内开始加压,当两罐压力相同时,上下罐之间的阀打开,弹丸从上罐流入下罐,需几秒时间所有弹丸进入下罐,上下罐之间的阀关闭,上罐卸压,其上方的阀打开,让被回收的丸粒重新充入,该过程是一个自动循环过程,以保证喷嘴连续不间断的进行喷丸。在结构上压力罐的底部为陡峭锥形,能使弹丸自由落入罐内,该功能主要用于使用多种弹丸规格的设备。当打开下罐底部的排泄阀时,所有弹丸会自动流出,在一种弹丸排净后,排泄阀关闭,重新装载另一种弹丸,锥形罐可实现不同弹丸介质的快速更换。在罐的出口和弹丸供给系统的开/关控制位置均装有同样的控制阀,这些阀门的开合由控制系统集中自动控制。

为了能够在机床连续喷丸过程中闭环控制弹丸流量值的大小,

MPPF20000/2500机床采用了一套自动丸流控制系统,可以快速而简单地调节和控制弹丸流量。弹丸流量控制部分的结构如图3.7所示,使用一个内置的479C磁性阀和FC流量监测和控制器来测定进入喷嘴的弹丸流量大小,采用闭环控制,控制阀连续监控和调节弹丸流量,以响应预设值,并在主控制屏幕上分别显示设定值和实时测量值。流量控制精度可达±1%,一旦弹丸流量超出限定,机床会自动报警停止喷丸。其中树脂胶垫收缩针阀用来控制弹丸流开/关,手动阀是在机床维护时作为截流阀使用,防止弹丸从系统溢出,磁阀利用铸钢弹丸的铁磁性通过脉动调节内在磁场的开闭来调节弹丸流量,此种变量调节方式对不同规格大小的弹丸提供了较大柔性。

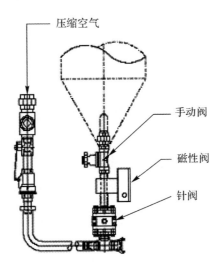

压缩空气

手动阀

磁性阀

针阀

图 3.7　弹丸流量控制结构

弹丸流量的控制原理如图3.8所示,磁阀门是由永磁体构成的常闭阀门,当无任何外加电压时,磁感应强度足够使阀门完全闭合,不允许任何弹丸通过。当外加祛磁电压时,磁感应强度减弱,当磁场完全消失时,允许弹丸自由通过其截面。祛磁电压正比于实际弹丸流量与设定弹丸流量之差,可见弹丸流量实行的是负反馈控制。其中弹丸流量传感器实际上与磁阀门是一体的,是一个围绕弹丸流束的电感线圈,当无弹丸通过时,此线圈的电感等于自感,当有弹丸通过时,等效于一个含铁芯的感应线圈,其电感会增加,利用这种电感的变化实现振荡电路频率的变化,起到弹丸流量传感器的作用。

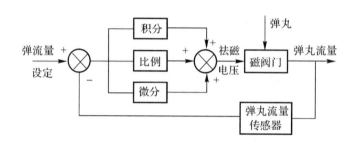

图 3.8　弹丸流量控制原理

3.2　数控喷丸成形设备性能试验设计

近几年来,国内许多企业都先后引进了计算机监控的 CNC 喷丸机床,但较之机床控制技术的快速发展,喷丸成形工艺还仍旧停留在经验加试验的水平上。为了充分发挥 CNC 控制的优势,必须要通过大量试验建立一定的数学模型和喷丸成形数据库,基本实现喷丸成形工艺设计自动化和对成形过程的初步数字模拟,才能适应数字化时代 CAD/CAM 技术的发展趋势,提高机翼壁板喷丸成形工艺的适应性和稳定性。

数控喷丸成形近年来已经成为一种发展趋势,数控喷丸系统能够精确控制壁板与喷嘴或叶轮的相对运动,实现各种工艺参数在规定精度范围内的变化,存储和调出的数据一致,从而保证每件壁板毛坯都能按批准的工艺方法进行成形,使得喷丸成形的能力、质量、效率和效益都得以全面提高。条带喷丸成形基础试验包括两个部分的内容:其一是通过喷丸标准 Almen 试片建立饱和曲线,确定喷丸强度和机床各工艺参数之间的关系,其二是通过喷丸与壁板同材料不同厚度的单元试验件以确定喷丸强度与厚度、弯曲曲率或延伸率之间的关系。

条带喷丸成形基础试验研究的主要目的是了解机床成形性能,建立喷丸强度、材料厚度和弯曲半径之间的关系,为壁板典型结构件和全尺寸整体件喷丸成形工艺试验参数的初选提供依据,并可作为今后建立数学模型进行有限元分析和模拟研究的数据源。在大型气动式数控喷丸机上系统进行条带喷丸基本特性试验、成形基础试验研究在国内属首次进行,由于技术保密原因,国外有关研究成果也鲜有报导。

3.2.1 喷丸基本特性研究

条带喷丸成形属于一种选择性喷丸成形方法,即弹丸以较窄的条带方式沿一定路径按一定方式和参数喷打板件表面,以达到预期外形。条带喷丸的路径也称喷丸路线,通常以条带中心处的一条直线或曲线表示。传统重力式喷丸机由于喷丸工艺参数可控性差容易造成条带特性不稳定,而气动式数控喷丸机床的喷丸条带是由一个或多个喷嘴的组合、喷嘴中心运动路线和主要工艺参数等综合形成,尤其是现代直压式数控喷丸机因其参数稳定性高,形成的条带特性不但一致性好,而且可以方便地通过数控系统控制喷嘴中心运动路线达到按预设复杂喷丸路径实现条带喷丸成形,这种成形方法可以稳定、可靠地控制喷丸变形部位、方向和大小,对解决具有复杂曲面外形的飞机机翼壁板成形意义很大。另外,机床上喷嘴直径、喷嘴布局方式、喷射角度等都会不同程度的影响喷丸条带的宽度,本节主要论述喷丸条带有效宽度的确定方法和影响条带宽度的工艺因素,这些是后续工艺试验研究的基础。

（一）喷丸条带有效宽度确定方法

喷丸条带的基本宽度是由单个喷嘴的有效喷射范围即热区大小确定的，气动式喷丸成形机依靠压缩空气驱动弹丸，以获得高速运动的弹丸流，弹丸经喷嘴喷出打击在工件的表面上，达到成形和强化目的。弹丸离开喷嘴后呈发散状态，在静止状态下单个喷嘴 90°喷丸在工件表面形成的弹丸覆盖形状是圆形区域，当喷嘴沿一定喷丸路径进行喷丸时其圆形覆盖面积连续叠加形成喷丸条带。但是喷嘴喷出的所有弹丸在喷丸条带宽度方向上并不起同等作用，弹丸分布是以喷嘴出口内圆轴线为中心，沿与喷丸路线垂直方向呈典型正态分布，如图 3.9 所示，喷丸条带中心处的弹丸分布密度最大，向两侧递减。由试验可测得喷丸条带宽度 B 及条带宽度范围内的弹丸数与喷射弹丸总数的比值 k，弹丸正态分布的分布密度为

$$\Phi(x) = \frac{1}{\sqrt{2\pi}\,\sigma}\mathrm{e}^{\frac{x^2}{2\sigma^2}} \tag{3.1}$$

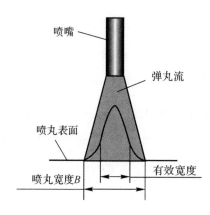

图 3.9　单个喷嘴喷射弹丸的分布方式

又知

$$\frac{1}{\sqrt{2\pi}\,\sigma}\int_{-B/2}^{B/2} e^{\frac{x^2}{2\sigma^2}}\,dx = k \qquad (3.2)$$

由此不难计算出 σ 的值,进而得到分布密度函数 $\Phi(x)$。

　　长期以来确定喷嘴喷丸有效宽度或面积的确定方法一直是使用弹丸覆盖率,具体做法是用一个喷嘴按一定参数喷打铝合金试板表面,使用 $10\times\sim30\times$ 放大镜目视检查板件表面弹丸覆盖率来剔除散射弹丸区域,将达到或接近 100% 覆盖率的区域尺寸定义为有效宽度或面积。因不同材料表面硬度有差异,弹丸打击后形成的凹坑数量就不同,所以使用测量覆盖率的方法存在喷丸不同材料覆盖率存在差异的客观情况,对精确判断弹丸的有效打击区域会造成一定偏差。

　　为了准确地评价喷嘴形成有效喷丸条带的宽度,找出打击强度相同的区域,以实现复杂壁板喷丸成形中对工艺参数的精确控制,在试验中采用喷丸强度来评价有效宽度,具体做法是按某一饱和曲线上 100% 覆盖率的喷丸参数喷丸一组紧密排布的 Almen 试片,通过测量 Almen 试片的喷丸强度,将公差范围在 ±0.038 mm 以内的 Almen 试片形成的区域视为等强度区,在此区域内的所有试片宽度及间距之和称为喷丸条带有效宽度,所用工具如图 3.10 所示,这样确定的条带喷丸的有效宽度不但有利于后续大型壁板喷丸路径间距的确定,而且如果将多个喷嘴按相邻中心距与所测有效宽度相等的方法排布就可成倍扩大喷丸条带一次喷丸的宽度,发挥机床多个喷嘴的作用,提高条带喷丸成形能力和生产效率。

(二) 影响条带有效宽度试验

　　喷丸成形是一个受多因素影响的复杂过程,采用条带喷丸时,条带有效宽度同样受各种工艺参数的影响。使用单个喷嘴进行条带喷丸成形时,影响喷丸条带有效宽度的主要因素有喷嘴直径、弹丸流量、喷丸距离、喷射角度、喷丸气压及弹丸规格等。

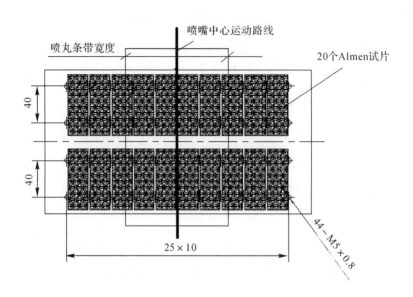

图 3.10　确定条带有效宽度的工具

　　喷丸机上采用大直径喷嘴是为了保证大直径弹丸在单位时间内的流量,其同时增加了压缩空气的消耗量,在以前空气压缩机技术尚不发达的时期,气动喷丸机无法使用大直径弹丸。目前大型空气压缩机已广泛使用,为选用大直径喷嘴和大直径弹丸进行喷丸成形提供了技术保障。在同样参数下,大直径弹丸的成形能力大于小直径弹丸,为了最大限度发挥机床成形能力,本试验采用大型数控喷丸机 MPPF20000/2500 上最大直径 $\phi14$ mm 的喷嘴。

　　喷射角度是弹丸流中心线与被喷丸表面切线的夹角,当弹丸以 α 角撞击板件表面时,可以将弹流速度分解成两个分量:一个分量 v_n 垂直于板件表面,另一个分量 v_t 与板件表面相切。由于 v_n 的作用,弹丸打入板件的表面形成弹坑,而 v_t 则使弹丸磨蚀板件表面,可见板件成形曲率与喷射角的正弦成正比。20 世纪 70 年代,A. Meguid 和 W. Johnson 对喷丸角度与喷丸表面形成压应力层的深度和显微硬度的增加进行了试验研究,结果表明在弹丸喷射角等于 90°时,显微硬度的数值最大,如果要达到最大压应力层深度或最大残余压应力,则采用 90°的喷射角是最好的。另外当喷射角小于 90°时,喷嘴形成的弹丸分布比较复杂,条带有效宽度评定困难,影响其数值大小的因素增多,因此在喷丸成形时喷射角度一般为 90°。

为了揭示弹丸流量、喷丸距离、喷丸气压及弹丸规格等多个因素对条带喷丸有效宽度的影响情况,需要进行大量组合试验。多因素试验遇到的最大困难是试验次数太多,若四个因素对试验结果有影响,每个因素取三个不同状态进行比较,就有 $3^4 = 81$ 个,如果每个因素取四个不同状态就有 $4^4 = 256$ 个不同的试验条件。为了便于从为数众多的全面试验中挑选出次数较少而又具有代表性的组合条件,再经简单计算就能得到最优方案,本试验应用数理统计概念和正交原理设计了规范化的正交表来进行试验方案规划,其特点是:

(1) 每个因素的水平数出现的次数相同。

(2) 任意两个因素水平的不同搭配出现次数相同。

(3) 减少试验次数的同时具有很强的代表性和全面性,可以通过较少次数的试验发现不同因素对试验结果的影响程度和不同因素最好的水平组合。

条带有效宽度影响试验是按一定设置的工艺参数喷丸 Almen 试片来进行的,试验包含弹丸流量、喷丸距离、喷丸气压及弹丸规格等 4 个因素,每个因素取 3 个水平,采用 L9(3^4) 正交表,表 3.1 中列出了试验中采用的方案。

条带有效宽度影响试验使用如图 3.10 所示的装夹 Almen 试片的专用工具,在一次试验中 Almen 试片的装夹数量是以喷嘴运动中心线为对称并列 2 排共 12 个,喷丸后直接用 Almen 测量仪测量每个试片的弧高值,在数据采集上对在与喷嘴运动中心线平行排布的前后两个 Almen 试片强度值取数学平均值,以提高数据可靠性。将从试验中测量的 9 个不同条带有效宽度依次标记为 $B_1, B_2, \cdots, B_9$,对数据处理及试验结果分析如下:

1. 数据的直观分析,寻找最好的试验条件

在因素 1 的第 1 种水平下进行了三次试验:♯1、♯2 和 ♯3,试验中因素 2 的三个水平各进行了一次试验,因素 3 和 4 的三个水平各进行了一次试验。

在因素 1 的第 2 种水平下进行了三次试验:♯4,♯5,♯6,在这三次试验中因素 2,3 与 4 的三个水平各进行了一次试验。

在因素 1 的第 3 种水平下进行了三次试验:♯7,♯8,♯9,在这三次试验中因素 2,3 与 4 的三个水平各进行了一次试验。

将全部试验分成三个组,那么这三组数据间的差异就反映了弹丸流量因素三个水平的差异,为此计算各组数据的和与平均:

$$T_1 = B_1 + B_2 + B_3 \tag{3.3}$$

$$\overline{T_1} = \frac{T_1}{3} \tag{3.4}$$

$$T_2 = B_4 + B_5 + B_6 \tag{3.5}$$

$$\overline{T_2} = \frac{T_2}{3} \tag{3.6}$$

$$T_3 = B_7 + B_8 + B_9 \tag{3.7}$$

$$\overline{T_3} = \frac{T_3}{3} \tag{3.8}$$

同理,对因素 2,3 和 4 将数据分成三组分别比较,所有计算列在表 3.1 中。

表 3.1　L9(3⁴) 试验正交表

因素\水平	弹丸流量 kg/min 因素 1	喷丸距离 mm 因素 2	喷丸气压 MPa 因素 3	弹丸规格 因素 4	指标 B_i
1	8	100	0.20	ASH230	B_1
2	8	300	0.40	ASH460	B_2
3	8	500	0.60	ASH660	B_3
4	12	100	0.20	ASH230	B_4
5	12	300	0.40	ASH460	B_5
6	12	500	0.60	ASH660	B_6
7	15	100	0.20	ASH230	B_7
8	15	300	0.40	ASH460	B_8
9	15	500	0.60	ASH660	B_9
T_1	I_1	I_2	I_3	I_4	
T_2	II_1	II_2	II_3	II_4	
T_3	III_1	III_2	III_3	III_4	
$\overline{T_1}$	$\overline{\mathrm{I}}_1$	$\overline{\mathrm{I}}_2$	$\overline{\mathrm{I}}_3$	$\overline{\mathrm{I}}_4$	
$\overline{T_2}$	$\overline{\mathrm{II}}_1$	$\overline{\mathrm{II}}_2$	$\overline{\mathrm{II}}_3$	$\overline{\mathrm{II}}_4$	
$\overline{T_3}$	$\overline{\mathrm{III}}_1$	$\overline{\mathrm{III}}_2$	$\overline{\mathrm{III}}_3$	$\overline{\mathrm{III}}_4$	
R	R_1	R_2	R_3	R_4	

注:喷嘴数量为 1 个,移动速度为 1 000 mm/min。

2. 各因素对指标影响程度大小的分析

极差的大小反映了因素水平改变时对试验结果的影响大小。因素的极差是指各水平平均值的最大值与最小值之差,譬如对因素 1 弹丸流量来讲,R_1 就等于 $\overline{\mathrm{I}}_1$,$\overline{\mathrm{II}}_1$ 和 $\overline{\mathrm{III}}_1$ 中最大值与最小值的差,依次类推可以求出 R_2,R_3 和 R_4 的值。

3. 数据的方差分析

要把引起数据波动的原因进行分解,数据的波动可以用偏差平方和来表

示,正交表中第 j 列的偏差平方和的计算公式为

$$S_j = \sum_i \frac{T_{ij}^2}{n/q} - \frac{T^2}{n} \tag{3.9}$$

式中　T_{ij}——第 j 列第 i 水平的数据；

　　　　T——数据总和；

　　　　n——正交表的行数；

　　　　q——该列的水平数。

该列表头是哪个因素，S_j 就为该因子的偏差平方和。正交表总的偏差平方和为

$$S_T = \sum_i (y_i - \bar{y})^2 = \sum_i y_i^2 - \frac{T^2}{n} \tag{3.10}$$

在这里有

$$S_T = \sum_j S_j \tag{3.11}$$

4. 最佳条件的选择

对显著因子应该取最好的水平，对不显著因子的水平可以任意选取，在实际中通常从降低成本、操作方便等角度加以选择。通过对试验数据作上述方法分析后得出影响条带有效宽度的显著因素是喷丸距离，弹丸流量、喷射气压和弹丸规格对条带宽度影响很小，这也为使用不同弹丸规格进行条带喷丸提供了方便。

5. 验证试验

表 3.2 是验证试验结果，是在弹丸流量、喷射气压和弹丸规格相同下采用不同喷丸距离测定单个喷嘴喷丸条带的有效范围。

表 3.2　不同喷丸距离下条带有效宽度

喷射距离/mm	100	300	500	700
有效宽度/mm	28	50	75	90

注:试验条件:弹丸 ASH460,喷射气压 0.30 MPa,弹丸流量 12 kg/min。

　　弹丸脱离喷嘴后,弹丸继续受到压缩空气的加速作用,同时也受到空气阻力的作用,结果喷丸距离越大,弹丸打击速度降低越快,因此喷丸距离也是显著影响喷丸强度大小的重要因素。在验证试验中得到喷丸距离与 Almen 试片弧高值之间的关系如图 3.11 所示。根据条带喷丸成形原理,在相同喷丸强度下条带越窄,成形优势越明显,同时考虑喷丸距离加大后会减弱喷丸强度,因此确定以喷丸距离 300 mm 作为后续进行条带喷丸的给定条件。

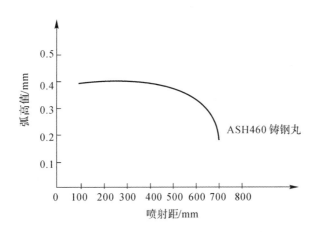

图 3.11　喷丸距离与 Almen 试片弧高值关系曲线

3.2.2　条带喷丸与 Almen 饱和曲线关系

　　在喷丸成形中当金属表面弹丸覆盖率达到一定值时,板件表面的凹坑饱和,喷丸影响深度也不再增加,此时表层材料的线性延伸停止,板件弯曲变形的程度不再增加,因此对特定喷丸工艺参数来说喷丸成形一定厚度的板件,变形量是有一定限度的,喷丸成形的这个特点与喷丸强化中饱和曲线上的喷丸强度相类似。由于喷丸成形所具有的复杂性,使得工艺参数选择的难度很大,任一参数的变化都会引起明显的效果差异,条带喷丸成形也不例外。

如何将不同条带喷丸成形的预期效果与复杂多变的喷丸工艺参数之间建立唯一对应关系,不但有利于提高喷丸成形工艺设计的可操作性和初选参数的可靠性,而且对于条带喷丸成形方法的深入研究和普遍应用起到关键作用。本文结合有关技术文献和多年来工厂的实践经验,在分析喷丸强化与喷丸成形工艺共性的基础上,提出将喷丸强化工艺的关键指标——Almen 试片饱和曲线上的喷丸强度.——作为确定条带喷丸成形效果与喷丸工艺参数之间的中介。在使用 Almen 试片建立了特定机床不同喷丸强度的饱和曲线后,按照饱和曲线上的喷丸参数进行条带喷丸成形效果试验,可以建立喷丸强度与板件厚度、曲率之间的关系,在很大程度上简化了壁板喷丸成形工艺参数选择的影响因素。

(一) 饱和曲线的原理及建立

饱和曲线是确定金属工件喷丸强化工艺参数的重要依据,直接影响喷丸强化的效果,而喷丸强化效果决定了金属表面引入压应力的大小,此是喷丸成形与喷丸强化的共同点,不同的是喷丸强化在金属表面引入的是均匀大小的应力层,而喷丸成形是通过应力的不同而达到成形目的。

饱和曲线是在相同喷丸参数下 Almen 试片弧高值与喷丸时间的关系曲线,一般是通过设定一个固定的机床速度,采用改变 Almen 试片喷丸次数的方法来建立。其原理是对薄板试片进行单面喷丸时,试片发生弯曲变形产生挠度,通常以一定跨度距离上测量的弧高值 f 来衡量喷丸强度,如果试片紧固在夹具上进行喷丸,喷丸后试片的弧高值 f 与试片厚度 h、残余压应力深度 δ_r、

平均压应力 σ_{mr} 之间有以下关系：

$$f = \frac{3}{4}\frac{a^2(1-\nu)}{Eh^2}\sigma_{mr}\delta_r \tag{3.12}$$

式中　　E——弹性模量；

　　　　ν——泊松比。

从式(3.12)中可以看出在其他工艺参数不变的条件下,试片厚度 h 愈厚,弧高值 f 愈小;在试片厚度 h 固定的情况下,弧高值仅取决于 σ_{mr} 或 δ_r。因此可以用弧高值 f 来度量工件的喷丸强度。20 世纪 40 年代,美国通用动力公司的工程师 J. O. Almen 首先提出使用喷丸强度和覆盖率来控制喷丸强化质量,并设计了评定喷丸强度的标准试片,又称 Almen 试片,材料为 70 号弹簧钢,原因是此材料在产生较大挠度弯曲时不会发生屈服,具有较高的弹性极限,这种方法目前被许多国家采用,具体 Almen 试片喷丸和测量体系如图3.12 所示。为了测量不同大小的喷丸强度,分别采用 N,A 和 C 型三种不同厚度的 Almen 试片,其数值换算关系为 N 型等于 A 型的 3 倍,A 型等于 C 型的 3 倍,使用范围是当用 A 型试片测得的弧高值小于0.15 mm 时,应使用 N 型试片来测量喷丸强度,当使用 A 型试片测得的弧高值大于 0.60 mm 时,应使用 C 型试片来测量喷丸强度。

饱和曲线具有以下特点:初期 Almen 试片的弧高值随时间的变化速率最高,随后变化速率逐渐缓慢,在试片表面的弹丸坑面积达到 100% 全覆盖之后,弧高值即达到饱和,此时的弧高值称为喷丸强度,对应的喷丸时间为饱和时间,超过饱和时间以后,即使喷丸时间加倍,强度值的增量也不会超过饱和强度值的 10%(见图 3.13)。这种现象对喷丸成形工艺参数的选择给予很大启示:特定板件喷丸成形曲率半径的大小与不同喷丸强度直接关联,在某一强度值下,通过单纯增加喷丸时间并不能加大成形曲率,因此对不同厚度和曲率的壁板在喷丸成形时必须通过选择合适的喷丸强度来确定不同喷丸参数的组合。同时在喷丸成形过程中,当喷丸强度太大、压应力层的深度相对于壁板厚度的比值超过一定数值时,壁板不但会产生严重的扭翘,而且加大了壁板在板厚中心层的拉应力,从而极大降低材料屈服强度。一般情况下板件的材料和厚度确定了喷丸成形的极限,因此对不同厚度的试验件进行不同喷丸强度的条带喷丸成形基础试验显得尤为重要,不但对于后续喷丸参数的选择具有重要作用,而且有利于在不同机床上通过喷丸强度这一通用标准进行推广,扩大条带喷丸成形的适用性。由于喷丸强度是指饱和曲线上最早达到饱和时的弧高值,因此对特定弹丸来说饱和曲线和喷丸强度唯一对应。

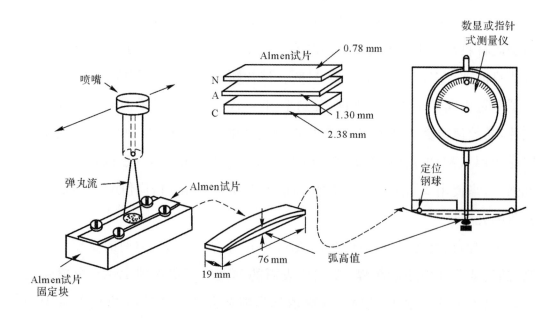

图 3.12　标准 Almen 试片及其喷丸和测量系统

根据前面的分析和试验,喷射距离和喷射角度分别为 300 mm 和 90°的定值,在喷丸 Almen 试片建立饱和曲线中,主要是通过变化弹丸流量和喷射气压来达到不同喷丸强度。喷丸时间的变化是通过改变试片通过弹丸流的次数来进行,本试验设定 Almen 试片喷丸时间的最小增量为 2 s,对应机床速度为 2 280 mm/min,一定喷丸参数下不同试片的喷丸时间等于喷丸次数与 2 s 的乘积。MPPF20000/2500 机床的喷丸管理系统中有饱和曲线自动生成和打印软件。在饱和曲线建立后,对求出的饱和时间 T_1 进行了验证,验证时机床速度 v 按下列公式计算:

$$v = \frac{76}{T_1} \times 60 \tag{3.13}$$

式中,T_1 为饱和强度对应的饱和时间,单位为 s,计算出速度 v 的单位为 mm/min。

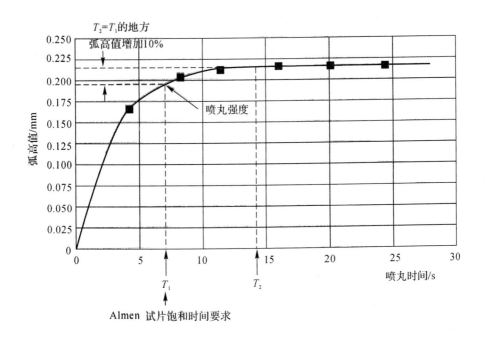

图 3.13　Almen 试片饱和曲线

为了便于检索和使用,对不同弹丸规格的饱和曲线进行了编号,依据波音对喷丸强度公差采用 ±0.038 mm 的定义,当不同饱和曲线上求出的饱和强度值相差大于0.05mm时即规定为不同喷丸强度的饱和曲线。在喷丸成形机床 MPPF20000/2500 上先后建立了 ASH230,ASH460 和 ASH660 等三种弹丸规格的饱和曲线共计210余条,使用 Almen 试片近3 000片,此部分试验数据直接反映机床成形能力的大小,可称为机床特性试验,与喷丸机床的设计特点紧密相关。通过喷丸大量不同 Almen 试片的饱和曲线,目的是掌握特定机床上不同喷丸工艺参数匹配与喷丸强度的关系,此部分试验数据目前是以图表形式记录,可以直接查取。对主要用于喷丸成形的 ASH660 弹丸分别使用 A 型和 C 型 Almen 试片进行了饱和曲线喷制,其中 A 型 Almen 试片分别喷制了 0.25 mm,0.30 mm,0.35 mm,0.40 mm,0.45 mm,0.50 mm,0.55 mm 等7种喷丸强度的饱和曲线,使用 C 型 Almen 试片分别喷制了 0.20 mm,0.25 mm,0.30 mm,0.35 mm,0.40 mm,0.45 mm,0.50 mm,0.55 mm,0.60 mm,0.65 mm,0.70 mm,0.75 mm 等12种喷丸强度的饱和曲线。对于用于建立每条饱和曲线的 Almen 试片按曲线编号逐一进行了标识,标明喷丸时间和测得的弧高值。同时对饱和曲线上喷丸强度与喷射气压进行了分析,结果如图 3.14 所示,可见气动式喷丸机床喷射气压是影响喷丸强度大小的显著因素,喷射气压基本与打击板件表面的流速成正比,而喷丸强度反映的是弹丸打击金属板件的强弱,其变化规律与动能计算公式相符合。

(二) 条带喷丸参数的选取原则

喷丸成形工艺参数包括喷丸方式、喷丸路径、喷丸强度和表面覆盖率等,其选择决定于工件材料性能参数、工件结构性能参数(包括工件结构特点、原始来料状态、外形曲率和厚度)等,而喷丸成形工艺不同于喷丸强化工艺,其一般对喷丸强度、覆盖率不作要求,以成形出要求外形为主,因此国内在壁板喷丸成形中往往忽视喷丸强度的作用,而靠变化其他诸多工艺参数满足不同成形要求,加剧了喷丸成形工艺参数选取的复杂性。

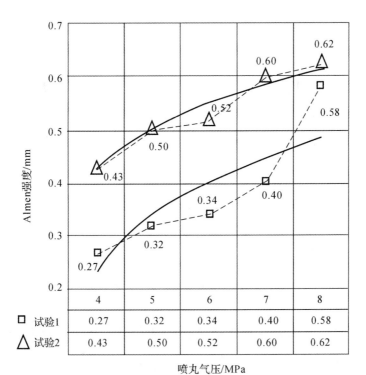

	4	5	6	7	8
□ 试验1	0.27	0.32	0.34	0.40	0.58
△ 试验2	0.43	0.50	0.52	0.60	0.62

喷丸气压/MPa

图 3.14 喷丸气压与 Almen 强度

喷丸成形中,板件的弯曲曲率半径与喷丸形成的压应力层的深度和在压应力层中残余压应力的大小有关。使用同一喷丸强度进行喷丸成形时,影响板件成形效果的主要工艺参数是弹丸直径,弹丸在喷丸成形中起着传递能量的作用,常用的为铸钢材料,当其他参数不变时,弹丸尺寸越大,则喷丸形成的压缩层深度就会增加,成形曲率也越大,图 3.15 显示了弹丸直径对板材压应力层深度的影响大致成正比关系,为了提高壁板成形效率和表面粗糙度,应当选择大尺寸弹丸进行喷丸,但是,大尺寸弹丸达到饱和覆盖率的时间长,特别是弹丸直径超过 2 mm 以上时,喷丸时间增加很多,在 MPPF20000/2500 机床上一般选择 ASH660(直径 1.67 mm)和 ASH460(直径 1.20 mm)弹丸进行喷丸成形,ASH230(直径 0.58 mm)弹丸进行喷丸强化。

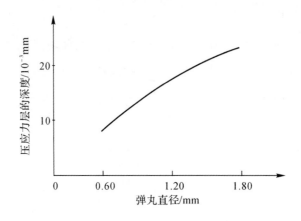

图 3.15　弹丸直径与压应力层深度关系[17]

　　喷丸强化的原理和大量试验研究证明成倍延长喷丸时间得到的高覆盖率对成形效果影响不大,同时在其他参数不变的情况下,喷丸成形的极限弯曲半径就是饱和喷丸时的曲率半径,图 3.16 显示了在板件表面达到 80% 覆盖率时,喷丸成形的曲率与 100% 覆盖率时的曲率半径已经基本接近,为提高喷丸成形的经济性并为后续手工修型留有一定的余地,近几年来,国外喷丸成形选择的覆盖率一般不超过 80%,大多数在 50% ~ 80% 范围。

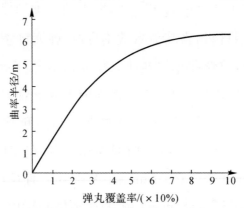

图 3.16　弹丸覆盖率与成形曲率半径关系[18]

3.2.3 不同条带喷丸成形效果影响试验研究

长期以来对喷丸成形的研究有宏观和微观两种方法,其中微观方法是以单个或多个弹丸对板件的撞击作用为研究对象,分析受喷板件在弹丸撞击后的残余应力、变形和塑性层等力学效果;宏观方法是以大量物理实验为基础,通过对工件 3D 数模进行分析,对典型几何特征进行整合简化,利用与之相适应的喷丸成形基础关系数据进行喷丸成形工艺参数初选,进而采用力学或几何的方法优化喷丸参数,从而达到控制工件外形的目的。在新支线飞机壁板选材确定后,使用与其牌号及状态相同的铝合金材料制作了不同厚度的单元平板试件进行条带喷丸弯曲成形试验,对不同材料的单元试验件建立喷丸强度、曲率半径和材料厚度之间的基础关系数据,为进一步进行新支线飞机机翼壁板喷丸成形工艺设计和试验研究奠定了基础。

(一) 条带喷丸成形特点分析

喷丸成形是由大量高速金属弹丸撞击金属板表面并形成表面残余压应力层而使板件成形的,受喷板件产生的整体变形是由众多单个弹丸的作用综合、累积而成的,是一个复杂的随机作用过程,成形机理人们至今尚未知晓,更难以建立起足够精确的数学物理模型来定量表征。如前所述:弹丸撞击金属板件表面的过程,类似于硬度试验中钢球压入金属物体表面形成压痕的过程,都是在物体上产生局部塑性变形的过程。钢球压入时,变形区周围的材料都处于弹性受压状态,接触区中心处的压力达到 $1.5\sigma_s$ 时,最大变形区开始屈服,进入塑性状态,最大变形区并不发生在钢球与板的接触面上,而在接触面以下 $0.67a$ 处(a 为钢球压入板中凹坑的半径)。压入载荷增大时,塑性区向四周逐渐扩展,当接触区的平均压力达到 $3\sigma_s$ 时,塑性区扩展到表面,卸载后就在板面上留下凹坑,可以看出喷丸成形实质上是在物体表层中产生塑性变形的过程

（见图 3.17）。

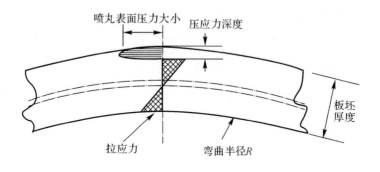

图 3.17　喷丸成形原理图

　　按照喷丸后壁板表面弹丸覆盖程度和喷条方式的不同，喷丸可分为全面喷丸和窄条喷丸，全面喷丸一般是将多个喷嘴并排布置，通过大幅度摆动一次可进行较大面积的喷丸，按此种方式成形的壁板表面弹丸基本达到全面覆盖。而条带喷丸成形属于选择喷丸方式，仅对壁板沿规划好的喷丸路径进行喷丸，往往在壁板外形符合要求后壁板表面不但弹丸覆盖程度较小，而且弹丸痕迹为条带状。从这两种成形方式来看，条带喷丸成形有利于控制壁板变形规律，并给壁板后续进行手工喷丸校形留有余地，且成形效率提高。

　　在自由状态喷丸成形工件时，成形曲率与工件送进或喷嘴移动方向有很大关系，在与工件送进或喷嘴移动方向相垂直的方向上，工件的成形曲率总是比进给方向上的要大。条带喷丸在以极窄条带喷丸工件时，条带路径就为送进方向，因此在单曲率壁板成形中条带喷丸成形在最大限度成形弦向曲率的同时可以有效抑制展向变形，尤其适用于展向和弦向刚度差值不大的整体厚蒙皮工件。在复杂双曲面壁板喷丸成形中，采用选择性条带喷丸方式按一定喷丸路径成形出主要的弦向外形后，再沿展向对特定区域采用条带对喷方式进行延展放料，在壁板弦向宽度上形成较大的应力梯度，即可成形出马鞍形或双拱形外形,可见条带喷丸成形方法具有成形复杂外形壁板优势。条带式喷丸方法比较灵活,能够提供恰当的喷击部位和喷丸强度,可以成形椭球面、抛物面和其他复杂形状的壁板工件。

与传统全面宽幅喷丸方法相比,条带喷丸成形具有以下明显优势:

(1)可以灵活变化喷丸路线,尤其通过数控运动系统能够完成斜线、曲线等复杂路线的喷丸,能成形出许多复杂外形。

(2)可提高与条带路径相一致方向的平直度,抑制双向变形的产生。

(3)在喷丸成形的试验研究方面,采用条带喷丸成形单元试验件能够提高数据的可靠性,利于总结规律,同时提供控制和测量条带有效宽度上的曲率半径不但可以较快解决试验数据从单元试验件到工件的移植问题,而且利于对壁板成形中出现问题的分析和处理。

西飞公司 MPPF 20000/2500 喷丸机可以实现由单个喷嘴和多个喷嘴形成不同宽度的条带进行板件单面喷丸弯曲,也可实现板件双面条带喷丸进行板件材料延伸,前者主要用于机翼壁板弦向喷丸成形,后者主要用于壁板展向成形,具体可参照图 3.18 所示。

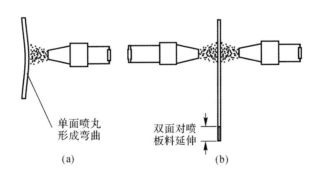

图 3.18　单面喷丸与双面喷丸

（二）试验基本思路及方案设计

喷丸成形参数从大的方面可分为试件参数和喷丸工艺参数两大类，其中试件参数包括试件材料、试件结构尺寸和试件厚度等，喷丸工艺参数主要包括喷丸状态、弹丸规格、覆盖率、喷射气压、试件送进速度、喷射角、喷射距离和弹丸流量等。其中喷丸状态包括自由和预应力两种状态，预应力的大小可用预弯量来表示，预弯量指板件预弯曲后其外层的线应变，单位为％，预弯量 ε 与板件厚度 t 及弯曲半径 R 有如下关系：

$$\varepsilon = \frac{t}{2R} \times 100\% \tag{3.14}$$

自由状态喷丸时预弯量为 0%。为了简化影响条带喷丸效果的因素，提高条带喷丸基础工艺试验数据的通用性，用喷丸强度的大小综合表征喷丸参数中喷射气压、喷射角度、喷射距离、弹丸流量等工艺参数的状态，将喷丸强度作为中介。喷丸强度 A 可以表示为

$$A = f(P, \theta, D, L) \tag{3.15}$$

式中　P —— 喷射气压，单位为 MPa，实际反映弹丸喷射的速度；

　　　θ —— 弹丸流与被喷表面之间的夹角，一般介于 $45° \sim 90°$ 之间；

　　　D —— 喷嘴至被喷表面之间的距离，单位为 mm；

　　　L —— 每分钟弹丸流量，单位为 kg/min。

喷丸强度表征的是弹丸打击板件的能力大小，根据饱和曲线的原理，饱和曲线上 Almen 试片达到饱和时弧高值称为喷丸强度。在条带选择上以对应饱和曲线上的喷丸强度作为唯一标识，通过使用不同喷丸强度的条带喷丸特定材料不同厚度的试板，建立喷丸强度与厚度、成形曲率的关系，以便解决大型壁板喷丸成形工艺参数初选的难题。喷丸成形曲率与工件外廓结构尺寸有很大关系，对于尺寸较大的机翼壁板，工件总是沿着弹流送进的方向逐段被成形的，板

件已喷部分的变形与未喷部分相互牵制,通常在大的正方形板上或在狭长工件的长度方向上,尺寸因素影响最为显著,工件尺寸及长宽比例对板件成形曲率的影响如图 3.19 所示。为了减少单元试验件结构尺寸对成形试验结果的影响,根据已有基础试验的经验和有关文献,单元试验件长宽比为 3∶2 时能较好地克服喷丸发生的球面变形现象,比较理想的表征条带喷丸的效果。同时因为单个喷嘴在喷射距离为 300 mm 时形成的有效条带宽度为 50 mm,结合西飞公司气动式喷丸机床的特点,单元试板宽度应至少要允许 3 个喷嘴形成的条带进行喷丸,因此单元试验件的结构尺寸设定为长 300 mm×宽 200 mm。

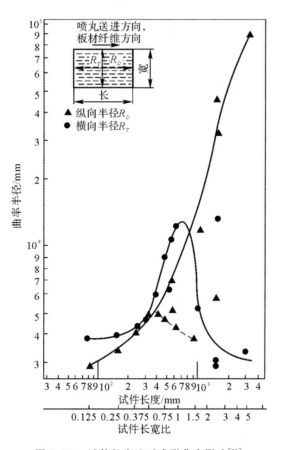

图 3.19　试件长宽比对成形曲率影响[19]

按特定喷丸强度进行板件喷丸试验时,由于喷丸强度对应的喷丸时间为100%覆盖率时间,而在小于饱和时间时,覆盖率与喷丸时间的关系变化接近与饱和曲线上小于饱和时间时弧高值与喷丸时间的关系曲线形式,因此必须首先根据饱和时间计算出不同喷丸强度曲线上要得到50%~80%覆盖率所对应的机床速度。为了解决此问题又分别对喷制每条饱和曲线时,喷丸时间最短(即仅喷丸1次)的Almen试片进行了覆盖率测量,根据覆盖率计算公式

$$C = 1 - (1 - C_1)^n \qquad (3.16)$$

式中　C——喷丸 n 次的覆盖率(以小数表示,不大于100%);

　　　C_1——喷丸1次的覆盖率(以小数表示,不大于100%);

　　　n——喷丸次数(又称时间因数)。

在测出Almen试片喷丸1次时的覆盖率 C_1 后,要得到不同覆盖率 C 时的机床速度 v 就须将式(3.16)变换为

$$n = \frac{\lg(1 - C)}{\lg(1 - C_1)} \qquad (3.17)$$

式中,C 为期望得到的覆盖率,是处于50%~80%之间的已知数,从此式可求出喷丸次数 n。假设覆盖率 C_1 对应的机床速度为 v_1,则达到覆盖率 C 时的机床速度 $v_C = n \times v_1$,由此可求出期望覆盖率时的机床速度。

Almen试片硬度为HRC44~50,高于铝合金的表面硬度,因此按计算出的机床速度喷丸时,铝合金试件的弹丸表面覆盖率往往高出估计值的20%~40%,所以在条带喷丸成形基础试验中选择的机床速度一般是按照Almen强度曲线上50%覆盖率来计算机床速度的。在进行试件喷丸成形试验之前按表3.3对特定弹丸的饱和曲线、喷丸强度及覆盖率和相应机床速度进行了计算。其中在饱和曲线喷制时间选择的最小时间增量为2 s,C_1 对应的1次喷丸的机床速度为2 280 mm/min,按照饱和曲线编号可以在完成的饱和曲线图册中查到对应的喷丸工艺参数。

表 3.3　条带喷丸试验参数设定的计算

序号	喷丸强度 mm	饱和曲线编号	Almen 试片覆盖率 C_1	50% 覆盖率机床速度 v_C
1	0.25 A	ASH660—A—1	×%	× mm/min
2	0.35 A	ASH660—A—3	×%	× mm/min
3	0.45 A	ASH660—A—5	×%	× mm/min
4	0.55 A	ASH660—A—7	×%	× mm/min

　　现代飞机机翼壁板常用选材基本原则是上翼面为 7000 系列铝合金,下翼面为 2000 系列铝合金,状态为淬火加消除应力和时效。机翼壁板厚度一般处于 2～17 mm 之间,壁板内表面带有各种孔、长桁对接凸台等加强结构,在成形工艺参数设计中全面考虑外形曲率和厚度将会使喷丸成形工艺设计变得十分复杂。根据有关资料,波音公司是将壁板按照以曲率半径为主,以厚度为辅的方法,分成若干区域,同一区域基本可以按相同喷丸强度达到要求外形,因此条带喷丸成形基础试验的思路必须遵循按一定的材料厚度梯度,以达到的外形曲率半径为依据来选择不同喷丸强度的条带进行喷丸。

　　依据新支线飞机外翼上下翼面壁板选材和厚度分布情况,对条带喷丸成形基础试验板件材料分别选取 7055T7751 和 2324T39 两种规格,厚度分别选取了 δ_2,δ_4,δ_6,δ_8,δ_{10} 和 δ_{12} 等 6 种规格。按照双曲率壁板喷丸成形的需要分别进行了单面喷丸成形弯曲试验和双面喷丸延展试验,对试验件进行编号,设计制造专用曲率仪和标准对照块进行试验数据采集,试验采用的基本思路为反复迭代法。在此重点介绍单面自由喷丸弯曲成形试验研究。

(三) 试验实施及数据采集

　　为了获得不同厚度的板件在不同喷丸强度下的条带喷丸成形的曲率,需要按照已喷制的饱和曲线逐一进行试验,此项工作试验任务量大,需要较高成本和很长周期。为了保证试验进度,在试验初期对新支线飞机机翼壁板外形曲率进行了分析,绝大部分弦向曲率半径介于 2 500 ~ 10 000 mm 之间,因此在试验中采用了极限条件喷丸成形尝试法,以确定将不同厚度试板喷丸成形至上述曲率半径变化区间需要的最小和最大喷丸强度范围,然后在限定范围内设计了多组正交试验,包含喷丸强度(对应确定了机床速度)、试件厚度和有效条带宽度等 3 个因素,每个因素取 3 个水平,采用 L9(3^3) 正交表,表 3.4 列出了条带喷丸成形试验中采用的方案。

表 3.4　正交试验表

序号	喷丸强度 .mm	试件厚度 mm	条带宽度 mm	弧高值 mm	曲率半径 mm
1	0.35A	δ_4	50	h_1	R_1
2	0.35A	δ_6	100	h_2	R_2
3	0.35A	δ_8	150	h_3	R_3
4	0.45A	δ_4	50	h_4	R_4
5	0.45A	δ_6	100	h_5	R_5
6	0.45A	δ_8	150	h_6	R_6
7	0.55A	δ_4	50	h_7	R_7
8	0.55A	δ_6	100	h_8	R_8
9	0.55A	δ_8	150	h_9	R_9

如图 3.20 所示,详细试验步骤:

(1)对单元试验件编号后,用游标卡尺测量试件厚度,精确到 0.02 mm。

(2)在长 300 mm×宽 200 mm 的等厚试板上,划出宽度中心线和长度三等分线。

（3）按选定喷丸强度对应的喷丸工艺参数和机床速度 v_C 沿宽度中心线使用单个喷嘴进行条带喷丸。

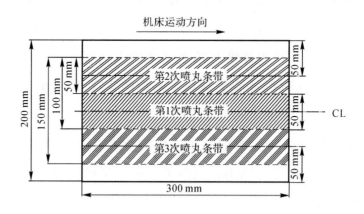

图 3.20　试板条带喷丸示意图

（4）在试件长度三等分线和两端共 4 个位置用弧高仪分别测量挠度 h_1，测量用弧高仪如图 3.21 所示。

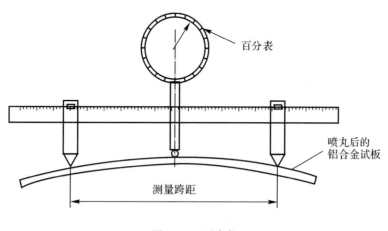

图 3.21　弧高仪

（5）在测量完的试板上沿长度方向分别画出与两个宽度边沿距离为50 mm的两条平行线，作为下两个条带喷丸的路径。

（6）以画出的两条线为条带中心线使用单个喷嘴按相同喷丸条件分别进行两次条带喷丸，在第一次喷丸后，用弧高仪分别在长度三等分线和两端共 4 个位置测量试板上两个喷丸条带有效宽度范围内的弧高值 h_2；在第二次喷丸后，用弧高仪分别在同样位置测量试板上三个喷丸条带有效宽度范围内的弧高值 h_3。

单元试板件在完成上述步骤后，由平板变成了柱面，试板在三种不同条带宽度下的喷丸弯曲变形量可以用柱面的平均曲率半径 R 表示。

测量三种不同喷丸条带宽度的弧高值时，弧高仪的测量跨距必须调整为所测条带的有效宽度，通过式（3.18）可以计算条带有效宽度上的弯曲半径 R。采用条带喷丸方式时，金属试板上只有很少部分受到弹丸相对集中的撞击，试板面内延伸非常有限，可以忽略不计。因此对试验中同一条带宽度在不同部位测得的 4 个弧高值进行数学平均值计算，将此平均值作为计算弯曲半径的准确数值。

$$R = \frac{4h^2 + w^2}{8h} \qquad (3.18)$$

式中　　R——条带喷丸出试件的弯曲半径；

　　　　h——弧高仪读数；

　　　　w——测量跨距，即条带有效宽度。

（四）试验数据的分析

对以喷丸强度作为中介进行的条带喷丸成形基础工艺试验，从数据上可直观分析出以下两种关系：其一是在相同工艺参数下，试板厚度 t 与试板喷丸后弯曲半径 R（弧高值 h 换算而来）关系（见图 3.22）；其二是喷丸条带宽度与

试板弧高值 h 关系(见图3.23)。从在自由状态对 7055T7751 铝合金板件进行的条带喷丸成形试验数据可以看出:弯曲曲率均随喷丸强度和喷丸条带有效宽度的增加而增大,但都存在一个极限数值。

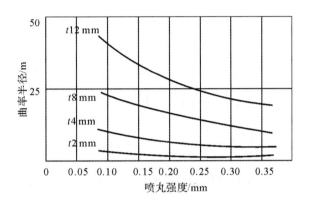

图 3.22　条带喷丸强度与试板曲率半径关系

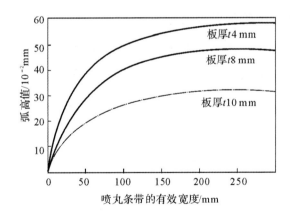

图 3.23　不同喷丸条带宽度对试板弯曲弧高值的影响

为了从不同条带喷丸成形效果影响试验中,找出弧高值与喷丸强度、试板厚度和条带宽度之间的定量关系,需要对基础工艺试验进行拟合运算,拟合采用正交多项式回归方法进行。

1. 正交多项式

设 $X_1(x),X_2(x),\cdots,X_m(x)$ 为表示一次、二次、……、m 次的多项式,如果它们在一组数 $x_1,x_2,\cdots,x_n(m<n)$ 上的值满足下列两个条件:

(1)任一多项式在 $x_1,x_2,\cdots,x_n$ 之和为 0,即

$$\sum_{i=1}^{n} X_k(x_i)=0, \quad k=1,2,\cdots,m \tag{3.19}$$

(2)任意两个不同多项式的乘积在 $x_1,x_2,\cdots,x_n$ 之和为 0,即

$$\sum_{i=1}^{n} X_k(x_i)X_l(x_i)=0, \quad k\neq l \tag{3.20}$$

则称 $X_1(x),X_2(x),\cdots,X_m(x)$ 为 $x_1,x_2,\cdots,x_n$ 上的正交多项式。

2. 基础工艺参数试验的正交多项式拟合

根据经验和资料,采用二次正交多项式来表示试件弧高值 h 与喷丸强度 I,试件厚度 t 和条带宽度 B 之间的关系,所用的拟合公式为

$$h=w_0+w_{I1}X_1(I)+w_{I2}X_2(I)+w_{t1}X_1(t)+w_{t2}X_2(t)+w_{B1}X_1(B)+$$
$$w_{B2}X_2(B)\pm 2\bar{\sigma} \tag{3.21}$$

式中 $X_1(x)$——x 的一次多项式,并且 $X_1(x)=x-\bar{x}$;

$X_2(x)$——x 的二次多项式,并且 $X_2(x)=(x-\bar{x})^2-\dfrac{1}{12}(N^2-1)l^2$;

$\bar{x}$—— 因素各水平的平均值;

N—— 水平数;

l—— 水平的等距值;

w_0——拟合公式的常数项；

$w_{I1},w_{I2},w_{t1},w_{t2},w_{B1},w_{B2}$——各因素正交多项式的系数；

$2\bar{\sigma}$——拟合误差。

表 3.4 为一组条带喷丸基础工艺试验记录，在试验中，按照此记录 2 组共计 18 次试验。下面以喷丸强度 I 的回归为例来说明回归方程的建立。对于喷丸强度 I,有

$$w_{mk}=\frac{1}{p\sum\limits_{i=1}^{N}\left[X_k(I_i)\right]^2}\sum_{i=1}^{N}X_k(I_i)h_i,\quad k=1,2 \tag{3.22}$$

$$w_0=\bar{h} \tag{3.23}$$

式中　p——试验重复度,$p=6$；

　　N——喷丸强度水平数,$N=3$；

　　h_i——喷丸强度取 h_i 的 p 次试验弧高值之和；

　　$\bar{h}$——所有试验(Np 次)的弧高平均值。

各系数的变动为

$$S_{wlk}=\frac{1}{p\sum\limits_{i=1}^{N}\left[X_k(I_i)\right]^2}\left[\sum_{i=1}^{N}X_k(I_i)h_i\right]^2,\quad k=1,2 \tag{3.24}$$

式中,S_{wI1},S_{wI2} 分别是喷丸强度的一次、二次正交多项式系数的变动,自由度为 1。其他回归系数 $w_{t1},w_{t2},w_{B1},w_{B2}$ 及其变动类似求得。随后便可检验回归系数的显著性并计算剩余偏差 $\bar{\sigma}$。

铝合金试件的弧高值 h 与对应曲率半径 R 的换算可参照相关文献进行,对特定铝合金材料的试板进行条带喷丸成形产生的弯曲变形量 ε 也可以按下列公式进行计算：

$$\varepsilon=\frac{t}{R} \tag{3.25}$$

式中　　R—— 曲率半径；

　　　　t—— 试板厚度。

条带喷丸成形的变形效果相当于受喷区域内作用着弯矩分布载荷，可以为进一步从应力应变角度按等效应力方式进行条带喷丸成形有限元模拟研究提供思路。

第4章 现代飞机机翼壁板数字化喷丸成形工艺设计

机翼壁板喷丸成形是当代飞机制造技术中的一项重大进展,从表面看此项技术似乎比较成熟,但事实并非如此。喷丸成形过程不但涉及变量多,而且各变量间相互影响。以代表当今喷丸成形最高水平的 Boeing 公司为例,其确定一件新壁板的喷丸成形工艺至少需要 40 块 1∶1 的试验件,花费半年时间,耗资往往在数百万美元。根据公开的资料,各主要工业国家都在进行喷丸成形技术研究,但由于技术敏感性,其研究成果鲜有详细报道。

拥有自主知识产权的新支线飞机项目的研制为对国内喷丸成形技术的深入研究创造了良好契机。新支线飞机采用大型超临界机翼,外翼壁板为厚蒙皮加铆接长桁结构,数量为上 2 下 3,因采用等强度设计,整个蒙皮的厚度分别沿展向和弦向呈不连续变化分布,这种具有"弯、折、扭"特征的大型双曲率机翼厚蒙皮属国内首次遇到,给现有传统喷丸成形工艺带来了极大挑战。

4.1 条带喷丸成形工艺设计与应用

结合国内外有关技术资料和条带喷丸成形基础试验研究,此种壁板喷丸成形技术问题的处理大致分为以下 3 个主要部分:

(1)通过几何分析和相关计算规划喷丸路径,并得到各主要结构点上的曲率和厚度分布；

(2)按条带喷丸成形基础试验数据将壁板分成若干等强度区，并确定不同区域内的初始喷丸参数；

(3)按设置的初始喷丸参数首先进行最具有外形特征的局部模拟件喷丸成形试验，根据试验结果，进一步优化和改进喷丸路径和工艺参数，最后进行1∶1全尺寸试验件喷丸成形试验。

4.1.1　应用对象的几何特征分析

新支线飞机机翼由中央翼和外翼组成，上后壁板是新支线飞机外翼壁板中尺寸最大的1件，材料为7055 T 7751，外形尺寸为长12 670 mm×宽2 130 mm，截面最大厚度 δ 为11.6 mm。上后壁板的产品设计数模是用CATIA系统平台由参数化设计技术所建立的壁板3D理论数模，这为进一步的分析和计算提供了较大方便。机翼壁板几何特征分析包括喷丸路径分析、外形曲率分析和壁板厚度分析等三个方面，这三者之间既相互独立又交互进行。外形曲面曲率分析是进行喷丸路径规划的首要工作，同时又贯穿于喷丸工艺参数初选和优化的每一步。而对超临界机翼壁板来说，最为复杂的是喷丸路径分析和规划。

(一)喷丸路径规划

喷丸路径是国内在20世纪90年代在进行某重点型号机翼壁板抛丸成形试验研究中提出来的，主要是指在壁板表面进行选择性喷丸成形时，喷嘴或叶轮运动的路线形成弹丸的轨迹。传统直纹面单曲率外形壁板喷丸路径可按等百分线设定，而大型复杂双曲面外形机翼壁板，其外形构成是由多个控制面生成，如新支线飞机外翼设有13个控制剖面，没有等百分线，整个翼型曲面上分布着多处马鞍形或双拱形并带有空间扭转，与传统翼型相差甚远，因此如何规划喷丸路径是解决此类壁板喷丸成形的最大难题。

从数学角度分析,双曲率壁板外形面上每个点的曲率一般是由方向相互垂直或成一定角度的极大和极小两个主曲率构成,并且极大曲率方向往往近似与其弦向外形一致,因此可将极大曲率称为弦向曲率,另一个曲率称为展向曲率,从理论上讲只要成形出壁板外形面上每个点的两个主曲率,即可成形出所要求的曲面形状,因此,根据成形的目的可将加工路径分为弦向喷丸路径和展向喷丸路径,分别用于成形弦向曲率和展向曲率。但大型机翼壁板通常具有较大的展弦比,而且壁板弦向曲率要大于展向曲率,因此在实际中弦向曲率形成后,展向曲率的形成一般要靠对喷延展放料形成,试验研究表明用等强度双面喷丸壁板,能够成形出马鞍形和扭曲,且延展的区域与量值较小,因此弦向路径分析和弦向曲率成形是大型整体壁板喷丸成形的核心,并且弦向喷丸路径对双曲率壁板的外形成形具有决定性影响。

复杂机翼壁板喷丸路径的规划要分别考虑壁板曲面曲率分布、参考线方向、厚度分布以及喷丸路径间距等影响因素,路径规划的一般原则为:

(1)受外形影响,喷丸路径应尽量通过曲面上极小曲率半径较小的部位。

(2)受壁板厚度影响,喷丸路径应尽量通过壁板较厚部位。

(3)喷丸路径曲线的方向应尽量沿曲面等百分线的方向。若外形曲面为复杂曲面,可使用外形曲面的弦向控制曲线构造等百分线,以此作为该曲面的参考等百分线。

(4)根据特定机床条带喷丸成形工艺特性,合理调整喷丸路径分布。

综合以上影响因素,喷丸路径的规划过程是首先对壁板外形曲面进行网格离散化,进而通过对局部离散点的曲面拟合,计算拟合的曲率;再根据喷丸路径规划的一般原则,进行特征点的搜索,将搜索到的特征点进行曲线拟合,获得一条通过曲面极小曲率半径较小部位的拟合曲线,该曲线的方向与所在处参考等百分线方向接近,并大致通过壁板相对较厚的部位;然后根据机床条带有效宽度特点,对该拟合曲线进行交互式调整,最后根据调整结果计算出在该曲线两侧的其他曲线,获得弦向曲率成形的喷丸路径。目前的 CAD 设计软件对曲面的曲率分析局限性较大,需要大量人工交互式工作,对曲面极小曲率半径给出的分析结果较为粗糙,不能满足喷丸路径设计对曲面分析的需要,因此在喷丸路径规划中一般使用曲面分析与喷丸路径计算为一体的专用计算程序。

  整体壁板弦向曲率成形喷丸路径计算的主要算法包括翼型曲面的曲率计算、特征点搜索、喷丸路径的生成及喷丸路径的映射实现等,此部分计算使用 C++6.0 进行了系统初步开发,可以通过计算机进行整个繁琐的计算过程,目前还需要依据机床条带喷丸特性和实践经验,人工进行喷丸路径的简化。图 4.1 所示是简化后上后壁板局部弦向曲率的喷丸路径,图中 D22～D46 是不同喷丸路径的编号,1～10 表示壁板 1～10 肋位线。超临界翼型所具有的展向外形可以在弦向外形成形完后通过对壁板一定区域进行放料就可得到要求形状,这些区域的确定可以通过壁板弦向和展向变形量的计算和分析得到。

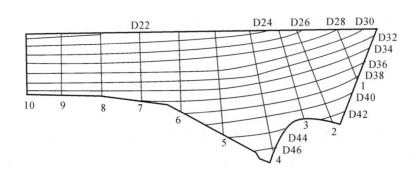

图 4.1 上后壁板 1～10 肋局部弦向曲率喷丸路径

从上图可以看出,喷丸路径 D26～D42 在壁板 1～5 肋范围内受外形影响弯曲最为剧烈,此种喷丸路径用传统气动或叶轮式抛丸成形机床无法实现,只有用气动式数控喷丸机才能够实现喷丸成形。

(二)外形曲率和厚度分析

　　壁板的 3D 设计数模由结构信息和外形曲面两部分构成,其中结构信息是以壁板投影图上的若干条曲线段来表示,由不同曲线段构成若干区域,每个区域具有相同的厚度变化规律,外形曲面是以离散的按一定规则排列的一系列点表示。曲率描述了曲面在某点处的局部几何性质,是曲面的重要微分几何特性,主曲率是该点局部形状的体现,Gauss 曲率可以确定曲面上点的性质。在规划壁板喷丸路径和设计初步喷丸工艺参数前必须对壁板外形曲面进行分析,以获取壁板重要特征点上厚度与曲率两个关键数据,因此几何特征分析主要包括以下两个方面:

1.外形曲面分析

　　用 CATIA 系统平台的现有功能模块对 3D 理论数模的外形曲面进行几何分析,可以获得的曲面数据有截面曲率、主曲率、Gauss 曲率等,其内部在计算时通常是由曲面参数按解析式得到的,精度比较高。几何曲率中的主曲率是壁板喷丸成形工艺设计中最主要的参数,图 4.2 所示是用 CATIA 软件曲面分析功能分析出的上后壁板 1~7 肋局部外形曲率云图和 1 个特征点主曲率情况,从图中可以看出主曲率分为 R_{max} 和 R_{min},图中的两个数值是 R_{max} 的曲率半径 Rad 和对应的极大曲率 Cur,此曲率方向为弦向,因此称为弦向曲率,对应的曲率半径为弦向曲率半径;另一个主曲率 R_{min} 方向接近展向,称为展向曲率,对应的曲率半径为展向曲率半径。

2.特征点上的厚度分析

　　特征点包括壁板结构上的特征点,即指壁板上的加强凸台、口框边缘和超薄下陷等特殊区域,又包括在喷丸路径上与壁板重要结构线相交区域,最常用的是喷丸路径与各肋位线交点。对于特征点可以使用 CATIA 系统的测量功能直接获得各处壁板的截面厚度。

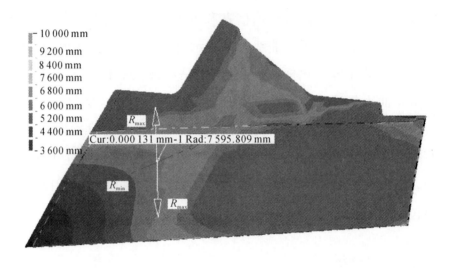

图 4.2　上后壁板 1～7 肋局部外形曲面分析

表 4.1 显示对上后壁板 6～10 肋局部件喷丸路径与肋线交点上两个主曲率和对应厚度的分析情况,表中喷丸路径 D22～D36 和肋线 6～10 可参照表4.1。从表中可以看出,该壁板具有复杂双曲面外形。

表 4.1　上后壁板 6～10 肋局部件典型结构点曲率和厚度分布表

肋线号	路径号	D22	D24	D26	D28	D30	D32	D34	D36
6	弦向		10 964	11 851	11 971	11 554	10 996	9 922	7 337
	展向		−253 473	−493 330	1 207 700	210 546	99 625	63 378	50 370
	厚度		7.804	8.53	8.791	9.265	9.771	9.885	9.53

续　表

肋线号	路径号	D22	D24	D26	D28	D30	D32	D34	D36
7	弦向		11 409	12 177	12 548	11 790	10 900	9 807	
	展向		−126 237	−100 652	−91 154	−90 383	−97 450	−118 190	
	厚度		8.121	9.015	9.181	9.79	10.445	10.047	
8	弦向	8 708	9 894	10 465	10 861	10 145	9 083	8 131	
	展向	−293 624	−148 702	−95 777	−68 267	−51 424	−39 720	−30 985	
	厚度	7.502	8.11	9.747	9.896	10.658	11.605	10.999	
9	弦向	8 115	8 768	9 279	9 493	8 997	7 900	6 813	
	展向	−744 548	−949 298	−714 842	−427 297	−257 471	−163 156	−107 772	
	厚度	7.468	8.627	10.638	11.097	11.297	10.779	10.603	
10	弦向	8 159	8 612	9 106	9 241	8 946	7 804	6 569	
	展向	−766 051	1 274 900	332 961	185 863	125 912	92 572	87 428	
	厚度	7.053	8.172	10.06	10.573	11.307	9.849	10.187	

注:"弦向""展向"是指壁板外形曲面上的投影线在某交点处沿弦向、展向的弯曲半径,单位是 mm。弦展向弯曲半径的正负值表明了投影线在该交点处的弯曲方向:弯向内形表面为正;反之,为负。

4.1.2　等强度区域的划分和工艺参数的确定

大型机翼壁板的厚度和曲率分布比基本工艺参数试验件的试验设计要复杂得多,在较大区域内严格按照机翼壁板的厚度和曲率半径精确改变喷丸参数进行喷丸成形不但需要惊人的时间而且是不可行的,即使在构成喷丸路径的每一个点上也存在类似问题,因此对每一个喷丸路径进行分段和分区是设定喷丸工艺参数的前提。曲率半径、板材厚度和喷丸强度之间的关系是设定喷丸成形参数的基础,但实际壁板并没有均匀的厚度分布,变化比较多样,通过使用基本成形数据进行宏观变形估计是可能的。在进行壁板喷丸成形工艺参数设计时,需要重视以下两个方面:

(1)如何将某一喷丸路径上邻近区域的厚度分布和曲率分布作平均处理,近似为一个等强度区,目前还没有成熟的方法。

(2)由于单元试验件与壁板边界条件不同,试验数据不能直接移植,需要靠一定实践经验来设定,并要分别用局部典型件和整体模拟件进行试验和优化。

本节主要以新支线飞机上后壁板结构特征为依据,就上述两个问题处理的原则和方法进行分析研究,这是目前解决大型机翼壁板喷丸成形难题中难度最大的环节,无法直接按试验数据计算某一喷丸段的喷丸参数,即使将来发展了完善的数字化工艺设计和模拟系统,也只是建立了简单的数学模型,实现了壁板成形的初始参数自动设计,还要通过试验来优化初始输入和完善数据库才能实现复杂外形机翼壁板数控喷丸成形的高效和稳定。

(一)等强度区域划分原则

对大型壁板进行分区或分段喷丸是为了适应机翼壁板外形曲率和厚度的变化,一般在分区时应以"曲率区划+界定厚度区"构成壁板的物理模型为依据。现有资料表明进行此项研究的有波音公司、俄罗斯航空工艺所和日本三菱重工,其前期工作基本均是通过进行各种不同厚度铝合金材料单元试板的喷丸成形基础试验,建立曲率半径、厚度和喷丸强度之间的关系数据库。其中俄罗斯航空工艺所因采用的是叶轮式抛丸机,建立的是壁板结构厚度、曲率半径与叶轮转速的关系数据。而波音公司是将展向和弦向曲率综合成延伸增长量,对多种一系列厚度的铝合金材料,建立了单元试验件喷丸强度与增长率曲线族,并将其存入计算机数据库,作为控制机床喷丸参数达到控制成形曲率的依据。日本三菱重工 Takeshi yamda 等人在 2000 年通过对加拿大 Bombardier 公司 8 座小型商务飞机外翼双曲率壁板进行的喷丸成形试验和有限元分析表明壁板喷丸成形的半径可以表达为材料厚度和喷丸强度的函数,此函数不但适用于带长桁整体壁板,而且适用于厚蒙皮形式壁板,在研究中将小型商务飞机外翼下前壁板分成了 16 个等强度区域(见图 4.3)。这种成形方法是由三菱重工在与加拿大 Bombardier 公司联合研发"全球快速"高速商用喷气机时研究出来的,关于分区的方法和原则没有更详细的技术资料。

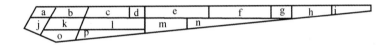

图 4.3　Bombardier 小型商务机下前壁板分区示意图

对大型超临界机翼壁板进行等强度区域的划分属首次遇到,在研究中根据新支线飞机上后壁板曲率半径分析数据和厚度变化规律,遵循以下原则和步骤:

(1)以厚度变化作为主要因素,划分近似厚度区。根据前期基础试验数据,当试板厚度由 4 mm 增加到 8 mm 时,要成形出相同曲率半径,喷丸强度需要增加接近 4 倍,因此当厚度大于 8 mm 时近似厚度区划应依次减少划分间隔跨距,同样对于小于 4 mm 的区域也要单独划分,因为此厚度的铝合金板件成形时需要的强度值较小,有时还需要遮蔽保护,此区域一般接近壁板翼稍部位。按上后壁板的厚度变化规律,将壁板分成 4 mm 以下,4~8 mm,8~10 mm 和 10~11.6 mm 等 4 个较大的近似厚度区。

(2)在近似厚度区内以曲率半径为主要因素划分等曲率区。前期几何分析中的曲率云图和对各特征点所作的曲率分析数据是对壁板曲面进行的分析。新支线飞机上后壁板的弦向曲率半径 R 介于 2 500～10 000 mm 之间,而大部分弦向曲率厚度介于 5 000～8 000 mm 之间,其中小于 4 000 mm 的曲率半径集中在壁板翼稍位置。此位置壁板厚度较薄,易于成形,因此将壁板曲率半径分为 4 000 mm 以下,5 000～6 000 mm,6 000～8 000 mm 和 8 000 mm 以上 4 种等效曲率。

（3）区域划分完成后,要对沿喷丸路径上的每个区域给出平均板厚和平均曲率,对每一分区内和平均板厚、平均曲率值差距较大区域应单独予以分析,看是否应归入相邻区域或单独处理。

图 4.4 所示的是经上述步骤进行分区后上后壁板 1～10 肋等强度区的划分情况,共形成 18 个区域。

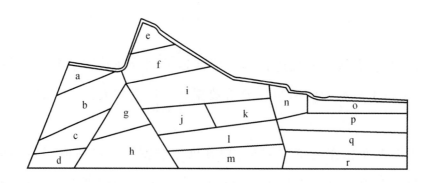

图 4.4　上后壁板 1～10 肋分区示意图

壁板分成的每一个等厚度和等曲率区域,在进行喷丸成形时对同一区域可以按照相同的喷丸强度进行喷丸,因此这些区域可称为等强度区。因区域本身的排列并没有一定的规则,只有将此区域反映到喷丸路径上,才能够通过改变喷丸参数实现强度的变化,因此也可称为喷丸条带分区或分段。同时可以看出喷丸路径规划和壁板分区并没有严格的先后次序,如果交互进行更有利于二者的优化设计。

　　对于壁板分区波音公司已经发展了一种数学计算方法，可以从壁板 3D 数模中预测马鞍形复合曲率所需的喷丸强度，这种系统首先是把马鞍形成形区分为两种变形：沿展向的延伸和沿弦向的弯曲，据此制定壁板的展向延伸量模式和弦向弯曲模式；同时依据建立的喷丸强度与延伸量和弯曲半径之间的关系数据库，通过数控系统向数控喷丸机发出成形马鞍形蒙皮所需喷丸强度的指令，数控喷丸机接受编好程序的数据，并自动控制和监视机床运动和成形参数。可见这种机翼壁板喷丸成形方法将壁板成形曲率的大小简化为喷丸强度和工件刚性（包括厚度、边界条件、弹性预应力施加等）的关系，反映了喷丸成形的实质。

（二）喷丸成形工艺参数确定

　　曲率半径、板材厚度和喷丸强度之间的关系是设定喷丸成形参数的基础。对于在壁板上分析出的每一个等强度区域，首先需要确定的是此种等厚度和等曲率区域的喷丸强度。这种既考虑数学曲率构成，又考虑壁板厚度的做法实际上是将机翼壁板作为物理曲面处理。由于整体壁板的刚性对喷丸成形工艺参数的选择有着直接影响，加之基础试验件边界条件与整体壁板差别较大，如何将条带喷丸成形基础试验参数移植到整体壁板成形中是一个关键问题。

　　波音公司就尺寸影响因素对曲率半径的影响试验表明，小试件上喷丸条带成形出的横向（与喷丸条带方向垂直）曲率半径与非常长试件上的横向曲率半径很接近，可以通过小试件的试验来确定大试件或整体壁板的喷丸成形工艺参数，此结论具有较大的实用价值，但公开发表的文献较少。为了简化壁板成形工艺参数的选择，在本试验中，将每个分区内的平均曲率和平均厚度值直接比照条带喷丸成形基础试验得到的曲率、强度和厚度数据关系来确定喷丸强度，确定的此种喷丸强度只能称为名义强度。已确定喷丸强度的区域在实际喷丸成形中除机床速度外完全按照对应饱和曲线上的工艺参数进行喷丸，仅通过改变机床速度来改变板件表面覆盖率来达到预期外形要求和进行工艺优化。

近年来通过改变覆盖率达到成形不同外形的做法逐渐引起人们重视，其可以有效减少改变其他诸多喷丸工艺参数而加剧成形问题的复杂性，有利于对大型壁板成形工艺进行设计和优化。

在各区域名义喷丸强度确定以后，唯一要确定的喷丸参数就是机床速度，由于喷丸成形大部分是在小于 100% 覆盖率下进行的，所以机床速度的改变直接影响被喷板件表面的弹丸覆盖率。7055T7751 是一种新型高强度铝合金材料，其成分类似 UNS A97055 铝合金，是铝-锌-铜-镁系热处理强化铝合金，状态为固溶处理加消除应力并经过时效，其特点是屈服强度和抗拉强度基本同处于 586～613 MPa 范围内，双向强度差异较小，但塑性较低，对应力集中作用的敏感性强。7055T7751 铝合金材料是以晶体类型为面心的立方结构，相同喷丸条件下形成的表面残余应力值最大可接近其屈服强度的 80%，喷丸成形工艺性较好。同时因单元试件双向刚度差异小，因此对新支线飞机上后壁板各等强度区进行条带喷丸时机床速度按对应饱和曲线上 30% 覆盖率来确定。此种弹性修改在 1～10 肋局部模拟件实际喷丸成形试验中得到了证实，图 4.5 所示为沿喷丸路径设定完喷丸工艺参数的 1～10 肋局部模拟件。

在沿喷丸路径上各等强度区域喷丸参数和机床速度初步选定后，按每一个喷丸路径在壁板上的实际位置进行了数控成形加工程序编制，该程序包括了不同等强度区域的坐标位置、机床速度、弹丸流量、喷射气压等多个参数。为得到最佳成形效果，在实际进行壁板喷丸加工编程时，首先从中间的喷丸路径开始，然后将喷射区向壁板前缘和后缘的喷丸路径上依次扩展。

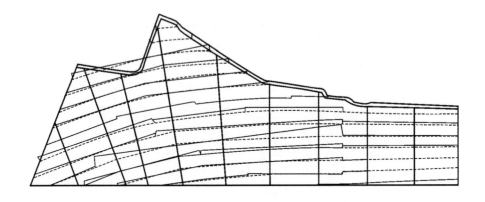

图 4.5　1～10 肋局部模拟件

4.1.3　试验结果及分析

在完成新支线飞机外翼上后壁板初次喷丸成形工艺参数选定和数控加工程序编制后,首先选择了外形具有代表性的 1～10 肋局部件作为试验件,按数控喷丸加工程序采用自由条带喷丸方式在 MPPF20000/2500 数控喷丸机上先后完成了 2 件局部典型件的喷丸成形试验。因该壁板喷丸路径间距小,在试验中选用 1 个喷嘴进行条带喷丸,成形次序是在按设定路径和参数完成弦向外形成形后,又对壁板展向 2 个边沿进行了对喷延展以形成复杂双曲外形。其中第 1 件试件在外形构架样板上检测时仅在第 4 肋靠近前缘位置最大间隙为 2 mm,其余位置符合外形公差 0.50 mm 的要求,外形不符合区域经过分析是由于该区域设定的机床速度较慢,壁板表面弹丸覆盖率较大,导致弦向外形曲率过大造成偏差,经对机床速度优化后,第 2 件局部典型件外形完全符合要求,成形出了“马鞍形＋双凸形＋扭转”的复合外形,说明选用的喷丸路径、等强度区域划分和喷丸成形工艺参数是可行的,图 4.6 是在构架样板上正在检测的第二件局部典型件。

图 4.6   在构架样板上的第 2 件局部典型件

新支线飞机上后壁板单件材料的价值为 27 万元,加上数控加工、CMM 和无损检测等工序,单件加工成本接近 50 万元,因此在完成两件局部典型件喷丸成形试验后,对壁板表面质量、外形流线性等方面进行了详细分析,对上后壁板全尺寸 1∶1 整体试验件的喷丸成形工艺参数进行多次分析论证。首件全尺寸 1∶1 整体试验件在按设定加工程序完成数控喷丸成形后,经少量手工喷丸校形,理论外形达到了检验要求。

喷丸成形属应力成形,在成形过程中表层材料由于产生剧烈的塑性变形而形成表面硬化层,在此层发生以下两种变化,在应力状态上材料浅表层形成了宏观残余压应力和极高的微观应力,在组织上亚晶粒发生极大细化,位错密度增高,此种变化会明显提高材料的疲劳和应力腐蚀能力。

通过上述三件试验件的条带喷丸成形应用试验可以获得以下结论:

(1)对于具有复杂外形的机翼厚蒙皮按照"整体分条,单条分区"的喷丸成形工艺思路进行喷丸成形是可行的。

（2）喷丸成形机翼壁板的弦向外形可以依据板件厚度、喷丸强度和曲率进行工艺参数设计，而且可以通过改变覆盖率的方法达到成形目的。

（3）通过使用相同强度双面喷丸延伸材料进行马鞍形的成形、外形扭曲是可行的。

按照条带喷丸成形思路首先成形成功的新支线飞机外翼上后壁板为进一步攻克新支线飞机外翼其他 4 件壁板的成形增强了信心。后续壁板成功的实践证明条带喷丸成形在解决现代大型飞机机翼壁板喷丸成形中具有重要作用。

4.2　基于温度场的喷丸成形工艺数值模拟

喷丸成形工艺的宏观效果实际上是由大量的单个喷丸撞击作用累积而成，因此研究单个喷丸的撞击作用在喷丸成形工艺的初期有重要的理论价值。国内外的许多研究人员都对此进行了比较深入的研究并取得了一些极具参考价值的研究成果。可是在喷丸成形工艺过程中，关注最多的一定是喷丸成形的宏观效果而不是单个喷丸撞击后所产生的凹痕大小和塑性变形层的厚度。基于此，在喷丸成形工艺数值模拟方法中，一种直观的想法就是通过依次计算各个弹丸的撞击作用而得到大量弹丸对其撞击作用产生的工件变形。研究人员在理论上采取外推的方法或者使用数值模拟的方法，在一个相对较小的尺寸范围下对一定数量喷丸的喷丸成形工艺宏观和微观效果进行了研究和模拟，这种模拟方法同样对喷丸成形工艺数值模拟很有意义。可是在现有的计算条件下，因为模拟过程中往往是从单个喷丸作用外推，并采用三维的有限元单元，使得整个分析模拟过程中的计算量和成本都难以接受。并且由于模型中没有考虑弹丸之间的相互撞击等一系列实际问题使得到的计算结果并不可靠,精确度也不是很高。因此将这种方法应用到实际生产过程中是不太切合实际的,这样急需一种快捷而有效的喷丸成形模拟算法。

研究人员普遍认为如果把喷丸成形过程中的一些基本决定因素诸如塑性变形层的形成加入到模型当中来,将会使分析模拟结果比较准确可靠,并且可以节省大量的实验和计算时间,从而能够更加快捷有效地进行喷丸成形工艺设计。所谓的"压应力层"有限元分析模拟方法正是从这个原理出发,可是建模过程中由于同样采用三维有限元单元使得整个模拟过程也非常耗时。因此基于变形等效的模拟法广泛用于喷丸成形工艺数值模拟。

4.2.1 喷丸成形工艺数值模拟模型

根据喷丸成形工艺的机理,可以用一种可使受喷材料发生变形后产生同样塑性变形层的等效静态载荷(本文中即温度场)来模拟一种特定数量喷丸的喷丸成形工艺宏观效果。这种等效静态载荷经过试验及模拟校正后,可通过反复施加来模拟任何不同的、真实的喷丸强度,这样就把一个复杂的动态撞击过程近似地转化为一个相对简单的静态加载过程。需要指出的是,在这种方法中运用温度场的目的只在于模拟喷丸成形过程中所产生的塑性变形,并不代表在实际喷丸成形工艺操作过程中向模拟的原件加上温度。另外在这里分析的主要是喷丸成形过程中受喷材料所发生的塑性变形,而不是单个弹丸撞击所产生的局部应力分布和变形情况。在建模的过程中有以下几个主要等效假设:

(一)等效塑性变形层

成形过程中,大量的弹丸连续不断地撞击目标表面,每个弹丸的撞击作用都会在受喷表面产生塑性变形区域。当塑性区域的覆盖率达到一定程度时就会在受喷材料表层逐渐形成一个塑性层(见图4.7)。如果认为各个塑性区域产生的重叠并不严重,而且各个离散的撞击可以认为是累加的、相互独立的作用。在这种情况下,特定数量的离散打击可以认为是同时作用的,并且其累加作用的宏观效果可反映在一个等效的塑性变形层上。因此相对于受喷材料变形的总体效果就可以在模拟过程中忽略局部离散撞击所引起的变形效应,这样整个模型将满足薄壁理论。同样为了简化模型,也可以忽略边界效应。

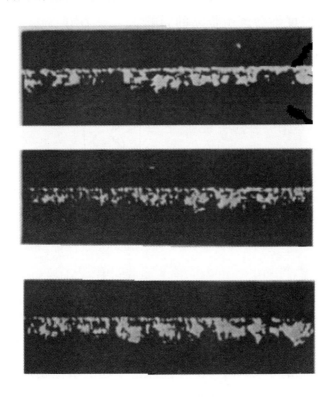

图 4.7 塑性变形层的形成[20]

在喷丸成形过程中,一些弹丸同时打在受喷材料上,这些撞击作用会产生相互影响。材料对于多弹丸和单弹丸的响应一定会存在差异,因此就产生了对一定数量喷丸的喷丸成形工艺模拟研究。如果采用平面应变模型,喷丸成形工艺中相应参数为:弹丸材料为 30CrMn4,弹丸直径 1 mm,板厚 5 mm,板长 20 mm,计算多弹丸同时作用的效应,其残余应力分布如图 4.8 所示。从图中可以看出,多弹丸的作用从总体上提高了残余应力的数值,其作用效果也有一定的差距。可是在受喷材料厚度方向上,应力曲线的分布趋势非常相似。有研究人员对更多数量的喷丸成形工艺进行分析模拟,发现其应力曲线也具有相同的规律。这就说明在同样的实验或生产条件下喷丸的数量对喷丸成形后塑性变形层的厚度不会产生很大的影响。

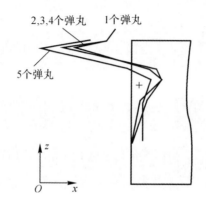

图 4.8　残余应力在厚度方向上的变化

因此在以上研究结果的基础上,可以确定等效塑性变形层的厚度主要取决于单个弹丸的打击效果。而单个弹丸撞击引起的塑性变形厚度可以通过对单个喷丸撞击效果的分析模拟获得,英国曼彻斯特大学的 T. S. Al-Hassani[21] 在试验的基础上根据两种理论模型,确定由单个喷丸撞击作用引起的塑性变形层厚度为 h_p。在弹丸撞击过程设弹丸半径为 R,密度为 ρ,质量为 M,以速度 v 垂直接触工件表面。在压入工件的一瞬间,速度为 v 而压入深度和压印半径分别为 z 和 r,同时弹丸承受工件的平均抗力为 $\bar{p}$。此时,依据能量守恒原理可以得平衡方程:

$$M \frac{\mathrm{d}v}{\mathrm{d}t} + \pi r^2 \bar{p} = 0 \tag{4.1}$$

其中，

$$M = \frac{4}{3} \pi R^3 \rho \tag{4.2}$$

当 $z \ll R$ 时，

$$r^2 \approx 2zR \tag{4.3}$$

$$\frac{\mathrm{d}v}{\mathrm{d}t} = \frac{\mathrm{d}v}{\mathrm{d}z}\frac{\mathrm{d}z}{\mathrm{d}t} = v\frac{\mathrm{d}v}{\mathrm{d}z} \tag{4.4}$$

将式(4.2)、式(4.3)和式(4.4)代入式(4.1)并进行积分，可得压入终止时最大深度 z_m 满足

$$\frac{z_\mathrm{m}}{R} = \left[\frac{2}{3}\left(\frac{\rho v^2}{\bar{p}}\right) \right]^{1/2} \tag{4.5}$$

上式中出现的 $(\rho v^2/\bar{p})$，在所有的撞击问题中均有重要作用，并称为损伤数(damage number)。工件因弹丸撞击而产生的塑性变形，对成形至关重要。Al-Hassani 根据两种理论模型，提出由上述压入引起的塑性变形区深度 h_p 与 z_m 有以下关系：

$$\frac{h_\mathrm{p}}{R} = 3 \left[\frac{z_\mathrm{m}}{R} \right]^{1/2} \tag{4.6}$$

将式(4.5)代入式(4.6)，可得

$$\frac{h_\mathrm{p}}{R} = 3 \left[\frac{2}{3}\left(\frac{\rho v^2}{\bar{p}}\right) \right]^{1/4} \tag{4.7}$$

需要指出的是，上述最大压入深度并不等于卸载后工件表面的压痕深度。式(4.1)和式(4.5)中，阻碍弹丸运动的平均压力 $\bar{p}$ 按下式给出：

$$\frac{\bar{p}}{\sigma_\mathrm{s}} = 0.6 + \frac{2}{3}\ln\frac{Ea}{\sigma_\mathrm{s}R} \tag{4.8}$$

式中　σ_s——受撞击材料的屈服应力；

E—— 受撞击材料的弹性模量。

无量纲变形参数 $\dfrac{Ea}{\sigma_s R}$ 表示相对变形(a 为钢球压入板中凹坑的半径)和材料在首次屈服时的应变(σ_s/R)之间的比值。按照 Hertz 理论并根据式(4.8),当 $\bar{p}=1.07\sigma_s$ 时,受撞材料达到弹性极限,此时 $\dfrac{Ea}{\sigma_s R}\approx 2$;一般认为,当 $\bar{p}=3\sigma_s$ 时达到完全塑性状态,此时由式(4.8),可得 $\dfrac{Ea}{\sigma_s R}\approx 36.6$。这些值和试验所测值是比较接近的。

在上述的条件下,可以采用等效变形模拟法对喷丸成形工艺进行模拟。针对特定数量喷丸的成形工艺,用一种可以产生具有同样特征塑性变形层的静态载荷对工艺过程进行建模,通过分析模拟得到最终的宏观结果。另外,这个静态载荷可以通过实验或模拟方法进行校正,从而可以模拟不同强度的喷丸成形工艺。通过这种方法就可以把原来喷丸撞击这样一个复杂的动态撞击过程转化为一个简单的静态加载过程,达到缩小模型,节约计算时间的目的。

(二)壳单元

在航空工业中喷丸成形工艺的对象往往是薄壁类结构如机翼壁板,这类零件的结构特点是面积大、变厚度并且厚度相对很薄。例如,空客公司近年刚刚生产了最大的民航客机 A380,该客机的翼展为 79.8 m,机翼壁板长达到 32 m,宽 2 m,最厚的地方 25 mm,而最薄的地方仅仅只有 3 mm。喷丸成形工艺主要使受喷材料表面部分发生延展进而使其发生弯曲变形,如果把研究的重点放在宏观效果上而不是放在喷丸冲撞过程引起的相对很小的壁板厚度方向应力变化上,那么整个成形过程就比较符合有限元分析原理中的壳单元理论。因此可以用薄壁壳单元进行建模,研究其可能产生的宏观效果。

实际的喷丸成形过程是一个三维的成形过程,每次弹丸的撞击作用所产生的压力会使受喷表面产生一个三维的塑性变形区域。当大量的喷丸同时撞击时，弹丸撞击形成的塑性变形区域就会结合在一起形成一个塑性变形层。在成形阶段中主要关心的不是弹丸每次撞击所引起的局部作用，而是这个塑性层宏观效果的累积作用。在喷丸成形工艺中，正如前文所述工艺对象通常是薄壁结构。它的特点是板的厚度比其他方向尺寸小得多，以及板的挠度与厚度相比较小，因此在分析板的问题时可以采用以下假设：

（1）可以忽略厚度方向上的正应力，并假设薄板的厚度没有发生变化。

（2）薄板中面的法线在变形后仍然保持为法线。

（3）薄板中面各点没有平行于中面的位移。

利用上述假设可将薄板弯曲问题转化为二维问题。其分析模拟结果与一般的分析模拟相近。不同之处在于一般的分析模拟中包括三个旋转自由度，和一个附加的弯曲力矩，在有限元分析的刚度矩阵中将由一个平面弯曲刚度和一个平面应变刚度组成。因此在上述假设的基础上建模过程可以采用壳单元，从而简化模型。在目前有限元工艺模拟方法中，采用壳单元是分析残余应力分布和工艺建模的主要方法。前文提到的对喷丸成形工艺的研究工作也曾采用壳单元进行分析模拟，并取得了一定成果。

另外，喷丸成形过程中的变形主要是塑性变形而静水压力不产生塑性变形。所以在应力状态中可以不考虑板厚方向的应力，从而把一个普通的三维问题转化为一个二维问题。而在最后的塑性变形中，板在切向延伸和厚向收缩的结果是相同的。可是如果在相连的两个区域内采用不同的喷丸数量，由于使用二维的壳单元可能造成分析模拟的局部结果与实际不符。然而相对大面积的受喷零件，在考虑其宏观结果的情况下这些问题是可以忽略的。因为应用壳单元有一个巨大的优势就是节省大量的计算时间。目前，这种方法正成为喷丸成形工艺模拟的有效建模途径。

基于壳单元的假设，按等效塑性变形层的原理可以将受喷材料分为若干层,其中最上层为等效塑性变形层;在等效变形层与未发生变形的层之间存在一个在成形过程中发生弹性变形的材料层,本文中称之为过渡层。在这个过程中要注意的是,对材料层的划分只是为了方便在成形模拟过程进行等效静态载荷加载,模拟成形过程各层应力应变状态而不是真正材料内部的分层。所以建模过程中对材料性质进行设定后,尽管在壳单元的选取中采用了复合壳单元,由于喷丸成形过程中各层材料并不存在材料上的差异,所以定义各层材料属性应为同一种材料。

(三) 温度场

喷丸成形时,大量的弹丸高速撞击受喷板表面,使塑性变形层的受喷材料产生延伸,从而引起受喷表面的面积加大。同时,由于材料的一体化,金属板只有发生弯曲才能使各层纤维趋于平衡。因此,在这一成形过程中,金属板发生了弯曲变形,表现为横向的挠度;受喷材料板面内尺寸同时增大,产生延伸作用。图 4.9 所示反映了喷丸成形产生的这两种变形效果。而这两类变形在一定条件下都可以通过加载温度载荷来获得,也就是等效变形模拟方法中的等效静态载荷。其中受喷材料的整体延伸可以通过材料内部一个均匀的温升获得,因为材料在膨胀系数确定的情况下都将会随温度的升降而膨胀或者收缩。而受喷材料的整体弯曲作用可以通过沿板厚方向的温度梯度即温度场来获得。通过对不同厚度的各层材料上加载相应不同的温度,使各层的材料在相同的膨胀系数下收缩或膨胀程度大小不同,各层材料之间的相互约束将使各层的材料分别处于不同的应力应变状态。在建模过程中如果把材料的膨胀系数设为负数(假设为 -1),在约束受喷材料各单元所有自由度的情况下,根据材料具有的性质在加载过程中施加正的温度,也就相当于成形过程中的材料受喷后所产生的拉应力。另外,这个加载模拟过程中所加载的温度高低也将直接对应着拉应力的大小。

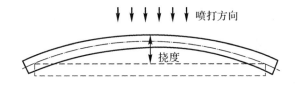

图 4.9　喷丸引起的两种变形

根据喷丸成形机理,受撞击表面的表层材料(即等效塑性应变层)在模拟过程中,产生塑性变形,从而导致残余应力,逐步使零件达到外形曲率要求。而在对等效塑性应变层的定义中,成形后发生塑性应变而产生材料延伸的材料均处于等效塑性应变层。而受喷材料在厚度方向上的其他层是在等效塑性应变层发生塑性变形的基础上与其一起发生弯曲的。因此对喷丸成形工艺进行等效模拟的过程中,要按照受喷材料厚向各个节点所处层的不同而加载相应的温度:在受喷材料发生塑性应变的等效塑性变形层的各个节点上,加载温度后材料应发生塑性变形,因此加载后发生的应变应大于其弹性极限,并要根据其变形的程度确定温度载荷的大小;而在过渡层中受喷材料只发生弹性应变,因此各个节点所加温度应小于或等于其弹性极限;在其他层,由于在加载过程中不发生任何的变形,因此在各个节点上所加温度均为零。这样加载的温度场就相当于直接在壳单元厚向节点上施加了应力场,整个加载过程与喷丸成形工艺的成形过程非常相似且成形机理相同,从而可以达到等效模拟的目的。特别是温度载荷及其引起的变形可以应用软件逐渐地施加到受喷材料上,这与喷丸成形工艺中逐个区域地喷打受喷材料在物理过程上十分类似,从而为模拟和优化喷丸成形工艺奠定了基础。

(四) 等效工艺过程[22]

为了达到等效变形模拟的目的,每次对材料进行等效静态载荷加载的过程中所加等效载荷的大小都将对应着一定的喷丸强度。如果要模拟不同参数喷丸成形工艺过程及其成形效果就需要按校核实验结果对等效静态载荷进行反复加载。因此喷丸成形工艺模拟过程将由多个加载单元组成,其中每一加载单元都包含加载和卸载两个过程(见图 4.10)。

加载过程中固定复合壳单元所有节点的所有自由度,根据等效温度场的原理对各层的单元进行加载。其中在定义的等效塑性层内由于将材料膨胀系数设为负数(假设为－1),加载温度将使材料发生收缩。如果固定材料的所有节点,因为材料内部要保持状态的平衡,将会产生拉伸应力。当拉伸应力足够大时,也就是超过材料的弹性极限时,在等效塑性变形层的内部产生塑性应变。

卸载过程中去除复合壳单元模型中的限制平动外的所有约束,把所

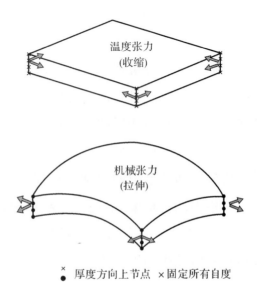

图 4.10 加载单元示意图

加温度全部变为零度(温度场变为直线)。第一个单元加载过程中等效塑性变形层内产生的拉伸塑性应变使层内材料产生永久变形。而根据所加温度场的原理,过渡层内部只发生弹性应变,卸载过程中将会发生弹性恢复,其他两层则不发生变形。由于材料为一整体,各层之间特别是等效塑性变形层和过渡层之间的相互牵制作用最终会使材料发生弯曲,同时在伸展的等效塑性变形层内会产生残余压应力,在过渡层内产生残余拉应力。不过它不是本模拟方法的主要研究对象。整个的工艺模拟过程加载单元如图 4.4 所示。

每一个加载单元同时也将对应着实际喷丸成形过程中喷丸喷打时间,使

模拟结果能够应用于实际生产。另外,这一部分内容将在喷丸成形工艺参数优化中进行详细讨论。

在工艺模拟过程中的每一个加载循环单元都可以方便地依据诸如喷丸直径、弹丸流量以及气压等喷丸参数进行校正,并通过循环加载模拟不同等级的喷丸强度。另外最主要的一点是每一个加载单元都对应于实际喷丸成形过程中特定的喷丸时间。这样加载单元的循环次数直接就与喷丸时间成正比,从而能将模拟结果同实际的生产时间相对应,使得上述模型便于校准和模拟不断增加的打击覆盖率。另外,如果对不同区域采用不同的喷丸成形工艺参数进行逐个喷打,在明确加载单元性质的情况下,此方法也可以模拟对不同区域采用不同的喷丸参数进行逐个喷打的工艺过程。因此能够将工艺模拟结果和实际喷丸工艺直接地联系起来,可直接应用于指导实际生产工艺。

4.2.2　基于 ABAQUS 的数值模拟方法

按照基于温度场的喷丸成形工艺数值模拟原理,本文采用有限元分析软件 ABAQUS 建立模型,实现对喷丸成形工艺的等效模拟。为了对成形效果进行研究,模拟对象采用与实际喷丸成形常见对象——机翼壁板——具有同比例尺寸的试件。具体试片尺寸如图 4.11 所示。

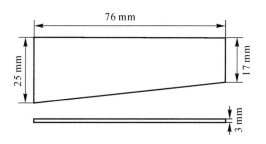

图 4.11　试片尺寸

(一) 几何形体和单元特性

按照试件几何尺寸建立基本形状,为了方便模拟喷丸成形过程中的各种约束,同时为了节约计算时间,本文采用 ABAQUS 软件中板壳单元 S4R 类型的复合壳单元进行模拟。S4R 是线性、有限薄膜应变、减缩积分、四边形单元,这种单元类型在使用 ABAQUS 软件分析模拟过程的应用很广泛。

按照等效模型的原理,需要将受喷材料按等效塑性变形层的原理分为若干层,其中最上层为等效塑性变形层;在等效变形层与未发生变形层之间存在一个在成形过程中发生弹性变形的材料层,即为过渡层。等效塑性层以及各层的厚度由上文模型定义中所述方法确定。然后依据各层相应的特性在 ABAQUS 软件中使用关键字 ∗Shell section 对复合壳的层数、每层的厚度以及每层的节点数进行定义。在本算例的有限元模型中,将受喷材料厚向分为 4 层,其中最上面 2 层依次为等效塑性变形层和过渡层,4 个层的节点数均取为 5。对壳单元各层材料的定义如前文所述,材料的分层只是为了方便模拟加载过程中各层不同应力应变状态而不是真正材料内部的分层。所以在壳单元的选取中虽然采用了复合壳单元,可是喷丸成形过程中各层材料并不存在性能上的差异,所以各层定义应为同一种材料。各层的厚度依据不同的喷丸工艺参数按等效模型的原理进行确定,本算例中确定塑性层厚度 h_p 为 1.17 mm,过渡层厚度为 0.08 mm。

(二) 材料数据

试片材料弹性模量为 60 GPa,泊松比为 0.33。因为在成形过程中材料发生塑性变形,材料塑性定义依据材料弹塑性特性,将名义应力和名义应变转化为真实应力和应变,按真实应力与发生塑性应变关系确定材料属性的数据。ABAQUS 按给定数据点进行线性插值逼近实际的应力应变曲线。

材料的膨胀系数设为负数(假设为 -1),在约束受喷材料各单元所有自由度的情况下,根据材料具有的性质在加载过程中施加正的温度,也就相当于成形过程中的材料受喷后产生的拉应力。这样工艺模拟过程中所加载的温度高低也就直接对应着拉应力的大小。

(三) 载荷和边界条件

在有限元分析过程中,确定工艺参数的情况下对不同喷丸强度的工艺过程进行模拟,整个工艺过程通过循环加载实现。每个加载单元包括加载过程和卸载过程两步组成。上文所述有限元模型中的等效静态载荷即温度场,在模拟过程中通过在所定义的复合板壳单元厚向各层的各个节点上施加温度加以实现。 与其他有限元模拟软件不同,ABAQUS 软件可以通过关键字 *Temperature 直接在节点上加载温度。

1. 边界条件

(1)加载过程中固定所有单元节点的自由度。

(2)卸载过程中限定试件的平动。

2. 载荷

加载过程中在厚向各节点进行温度场加载,依据厚向各节点所处层不同加载相应温度。等效塑性变形层发生塑性变形,所加温度使材料发生的变形将大于其弹性极限 $(1-v)Y_0/E$,此算例中取加载温度为 $2.32℃$,产生的温度应变 ε_t 为 2.32 mm;过渡层发生弹性变形,设定 ε_t 为 1 mm;其他层不发生变形故不加载温度,卸载过程中设定温度场为 0。

(四) 数值模拟流程

整个模拟过程中的主要参数包括塑性层厚度 h_p、过渡层厚度 h_{ep}、温度场参数和加载单元循环次数。确定以上参数对工艺过程进行数值模拟。具体流程图如图 4.12 所示。

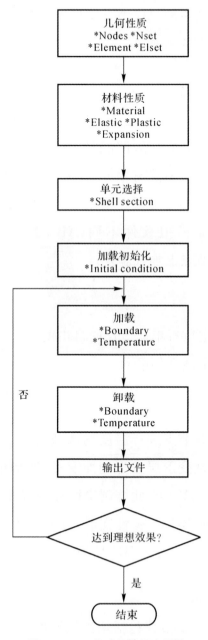

图 4.12　工艺过程模拟流程图

(五) 模拟结果及校验实验

按照有限元模型对试片进行喷丸成形工艺模拟,施加 20 次加载循环过程。试片变形云图如图 4.13 所示,变形前后试片形状对比如图 4.14 所示。

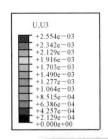
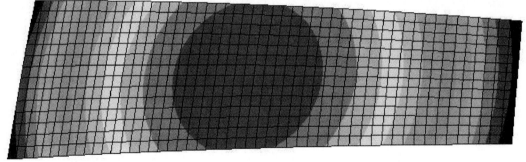

图 4.13   试片变形云图

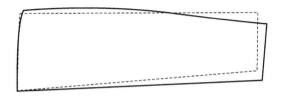

图 4.14   变形前后试件形状对比

根据模拟结果可以看出,变形后试件的形状与实际工艺结果十分相近。特别是从图 4.14 中可以看出模拟结果中由于面内的延伸带来的试件整体延伸和扇折,这都与实际的喷丸成形工艺有同样的成形趋势。整个模型的计算时间大约为 10 min,与此前的模拟方法相比计算时间是很短的。

喷丸成形工艺模拟过程中,每一个加载单元都和一定的喷丸时间相对应。确定了对应的时间就可以把实际的喷丸成形工艺模拟和实际的喷丸成形工艺联系起来。模拟的结果因此也就可以应用到实际的生产过程中,指导生产工艺。这一部分工作将由校验实验完成。

工艺参数的确定通常采用单面喷丸 Almen 试片(Almen strip),由试片所产生的弧高值来表示。它是度量受喷材料表面总压缩应力的一种方法。按照实验标准,采用一定的喷丸参数(弹丸直径、速度、气压)对一定材料的试片进行喷丸。依据试验结果建立以喷丸时间为 X 轴,试片弧高值为 Y 的校核曲线。每条校核曲线都对应着对特定材料目标试片上不同的喷丸成形工艺参数。按照喷丸成形工艺模拟原理对同样材料和尺寸的试片进行工艺模拟,根据模拟结果可建立模拟加载单元和试片弧高值的对应关系曲线。对比实验校核曲线和模拟结果曲线可以近似地确定每个加载单元所对应的喷丸时间。同时也就确定了每个加载单元与特定工艺参数的对应关系,确立了工艺模拟结果与实际生产工艺的对应关系。

本节从喷丸成形的客观实际出发,建立反映喷丸打击总体结果的等效塑性变形层概念,应用与喷丸成形过程有同样变形效果的等效静态载荷温度场来模拟变形过程。温度场可以反复施加以模拟任何真实的喷丸强度或不同参数的成形工艺,从而把一个复杂的动态冲撞过程近似地转化为一个静态加载过程。同时由于模拟过程中采用壳单元进行模拟,同以前的三维有限元模型相比大大缩短了计算时间。通过校核试验可以把喷丸成形工艺模拟结果和实际的喷丸成形工艺联系起来。这种模拟方法基于喷丸成形工艺过程机理,考虑喷丸成形参数的影响,整个过程就像在真实试件上做虚拟实验一样,模拟的结果因此可以应用到实际的生产过程中。由于整个模拟过程的主要目的是建立喷丸参数与喷丸成形结果的非线性关系,关注成形的总体效果而采用壳单元,因此在模拟结果中局部的残余应力分布可能与实际工艺不符。

4.2.3　喷丸成形工艺参数优化

喷丸成形工艺参数的改变或者采用不同的工艺措施都对产品最后的成形结果会产生重要影响。随着生产工艺的发展,产品要求也不断地提高,零件各个区域都可能有着不同外形要求。因此在生产过程中就必须针对零件不同区域的外形要求采用不同的喷丸工艺参数,同时也可能与其他的成形方法相结合。例如航空工业中尤为重要的机翼成形,作为壁板毛料的整体厚板,经过数控加工后壁板具有设计要求的变化,因此就必须要根据机翼外形的需要在不同的喷打区域采用不同的喷丸强度和工艺措施,展向和弦向成形的喷丸强度也要随壁板各处几何形状或壁板厚度不同而有所变化。

喷丸成形工艺采用数控系统后,对不同区域采用不同的喷丸工艺参数是完全可以实现的。因此喷丸成形工艺过程中的关键就是:在什么区域进行喷打、喷打的类型以及喷丸的强度。实际的工艺过程中,喷丸工艺参数的确定通常需要通过进行大量的试验,使得工艺参数的设定往往占去整个的生产过程的大部分时间。部分研究人员按照试验的结果开发了一些数值方法,但这些数值模型都是建立在无约束喷丸试验的基础上,并且没有考虑诸如几何、夹具等约束。本节引入等效塑性变形层而建立的有限元模型克服了以上不足,并可以通过校验试验将数值模拟结果与实际喷丸工艺联系起来。这为工艺参数的优化奠定了基础。

(一) 参数优化程序

优化程序的主要任务就是根据模拟结果建立喷丸工艺参数与喷丸成形宏

观效果之间的关系,并在此基础上按目标形状通过优化约束函数找到喷丸优化方案。根据模拟原理可知,在其他喷丸工艺参数确定的情况下,喷丸成形的最终结果只和喷丸打击的时间相关,因此本节的优化参数主要是针对喷丸时间。而其他参数的确定主要通过在数值模拟过程实现,因为模拟过程中的参数如塑性层厚度 h_p、温度场参数和加载单元循环次数等都是和其他喷丸工艺参数相关的。

1. 模拟数据拟合

通过对模拟数据的分析发现,各节点的变形位移 S 与喷丸打击时间 t 近似满足以下的函数关系[23]:

$$S = f(t) = \frac{at}{b+t} \tag{4.9}$$

例如对模拟算例的结果数据进行验证发现,对某个区域进行喷打的过程中,其中某个节点变形位移的模拟结果与喷打时间拟合后的非线性函数曲线的关系如图 4.15 所示,其中由拟合结果确定的参数 a,b 的值为:$a = 2.79, b = 18.022$。

可以看出在确定 a,b 值后,模拟数据与拟合曲线非常接近,通过计算得到该节点变形位移的拟合最大误差为 0.003 018%。另外,按同种方法对其余各个节点的模拟数据进行拟合,经过对比发现所有模拟结果的拟合最大误差均不大于 1%。这证明在确定 a,b 值后,各个节点的变形位移与喷丸打击时间近似满足式(4.9)所示的非线性关系,因此就可以按照此非线性关系对节点的变形位移进行预测。同时也证明,对受喷零件的某个区域进行喷打后,使整个受喷零件的各个节点产生的变形位移均满足式(4.9)的非线性关系,其中的区别在于拟合函数中系数 a,b 在各个节点处均不相同。

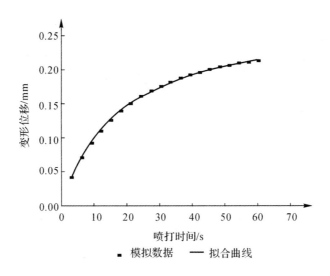

图 4.15　模拟数据拟合

2. 工艺参数优化原理[23]

根据上述结论可知,在工艺参数确定的情况下,每个节点的变形位移与喷丸打击时间都满足一定的非线性函数关系。如果设受喷零件的切向位移为 u 和 v,法向位移即变形位移为 w,喷丸打击时间为 t。可以将受喷零件分为 m 个喷打区域,n 个特定节点,如图 4.16 所示。设 u_i,v_i,w_i 为喷打后第 i 个节点在各个方向上的变形位移,t_j 为在第 j 个喷丸区域上的喷打时间。

根据工艺过程模拟原理可知,在诸如喷丸直径、弹丸流量以及气压等喷丸工艺参数确定的情况下,喷丸打击的结果主要决定于喷丸打击时间。如果假定受喷零件每个特定节点的变形位移是对各个喷丸打击区域进行喷打后特定节点所产生变形位移的叠加,基于各节点变形位移与喷丸打击时间之间的非线性关系,可以依据各个区域的喷打时间预测喷丸成形的最终成形结果,并可以通过与目标形状的对比确定最佳的喷丸工艺方案。设 p_{ij}，q_{ij}，r_{ij} 分别为第 i 个特定节点各方向上变形位移 u_i，v_i，w_i 与第 j 个喷丸区域上喷打时间 t_j 之间所存在的非线性关系函数，建立第 $i(i=1,2,\cdots,n)$ 个特定节点各个方向上的变形位移与在各喷打区域上喷丸打击时间之间的关系：

$$\left.\begin{array}{l} u_i = \sum_{i=1}^{n} p_{ij}(t_j) \\[2mm] v_i = \sum_{i=1}^{n} q_{ij}(t_j) \\[2mm] w_i = \sum_{i=1}^{n} r_{ij}(t_j) \end{array}\right\} \quad (4.10)$$

式中，$i=1,2,\cdots,n$；$j=1,2,\cdots,m$。

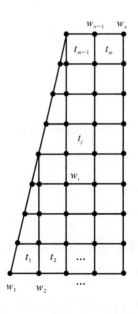

图 4.16　优化原理示意图

用矩阵形式表示式(4.10)为

$$\boldsymbol{u}_i = \begin{bmatrix} u_1 \\ u_2 \\ \vdots \\ u_n \end{bmatrix} = \boldsymbol{P}(t) = \begin{bmatrix} p_{11} & p_{12} & \cdots & p_{1m} \\ p_{21} & p_{22} & \cdots & p_{2m} \\ \vdots & \vdots & & \vdots \\ p_{n1} & p_{n2} & \cdots & p_{nm} \end{bmatrix} \begin{bmatrix} t_1 \\ t_2 \\ \vdots \\ t_m \end{bmatrix}$$

$$\boldsymbol{v}_i = \begin{bmatrix} v_1 \\ v_2 \\ \vdots \\ v_n \end{bmatrix} = \boldsymbol{Q}(t) = \begin{bmatrix} q_{11} & q_{12} & \cdots & q_{1m} \\ q_{21} & q_{22} & \cdots & q_{2m} \\ \vdots & \vdots & & \vdots \\ q_{n1} & q_{n2} & \cdots & q_{nm} \end{bmatrix} \begin{bmatrix} t_1 \\ t_2 \\ \vdots \\ t_m \end{bmatrix} \quad (4.11)$$

$$\boldsymbol{w}_i = \begin{bmatrix} w_1 \\ w_2 \\ \vdots \\ w_n \end{bmatrix} = \boldsymbol{R}(t) = \begin{bmatrix} r_{11} & r_{12} & \cdots & r_{1m} \\ r_{21} & r_{22} & \cdots & r_{2m} \\ \vdots & \vdots & & \vdots \\ r_{n1} & r_{n2} & \cdots & r_{nm} \end{bmatrix} \begin{bmatrix} t_1 \\ t_2 \\ \vdots \\ t_m \end{bmatrix}$$

根据实际的喷丸成形工艺,如果按不同的次序对受喷零件的各个区域进行喷打对零件的成形结果将会存在一定的影响,可是相互之间的差别往往只有几个百分点。由于工艺模拟和参数优化过程中关注的是零件的最终成形结果以及近似的工艺参数,因此这些误差就完全在可以接受的范围。故在模拟和参数优化过程中,本节对喷丸工艺过程的喷打次序不作过多地考虑。

如上文所述在喷丸成形工艺模拟与参数优化过程中,将"把受喷零件喷打成设计的目标形状"作为主要的工作和任务。并定义向量 $\hat{w}$ 为受喷零件从板料成形为目标形状时各个特定节点将要发生的变形位移,参数优化的目的就在于优化喷打时间 $\bar{t}$ 使得各特定节点变形位移 $\bar{w}$ 与 $\hat{w}$ 的偏差值最小。根据以上所述可以建立带约束的优化目标函数为

$$f(t) = \parallel \boldsymbol{R}(t) - \hat{w} \parallel_2 \quad \begin{cases} t_l \leqslant t \leqslant t_u \\ \parallel \boldsymbol{R}(t) - \hat{w} \parallel_2 \leqslant \hat{\varepsilon} \end{cases} \quad (4.12)$$

式中 t_l——喷丸时间上限；

　　　　t_u——喷丸时间下限；

　　　　$\hat{\varepsilon}$——优化结果的最大容错。

确定优化喷打时间 $\bar{t}$ 后，可依据式（4.11）得到节点切向位移 $\bar{u},\bar{v}$ 的值，在此基础上可以按照目标形状对受喷零件的毛坯进行优化。由于工艺过程中切向位移相对较小，所以工艺参数优化的目标是受喷零件在厚向的位移即变形位移满足目标形状要求。

由于喷丸打击时间 t 与各节点变形位移之间满足式（4.9）所示的非线性关系，则式（4.11）中 $\bar{w}$ 位移可以表示为

$$
\begin{bmatrix} w_1 \\ w_2 \\ \vdots \\ w_n \end{bmatrix} = \begin{bmatrix} k_{11} & k_{12} & \cdots & k_{1m} \\ k_{21} & k_{22} & \cdots & k_{2m} \\ \vdots & \vdots & & \vdots \\ k_{n1} & k_{n2} & \cdots & k_{nm} \end{bmatrix} \cdot \begin{bmatrix} t_1 \\ t_2 \\ \vdots \\ t_m \end{bmatrix} \tag{4.13}
$$

其中，

$$
k_{ij} = \frac{w_i}{t_j} = \frac{A_{ij}}{B_{ij} + t_j} \quad (i=1,2,\cdots,n; j=1,2,\cdots,m) \tag{4.14}
$$

式中，k_{ij} 的物理意义为在第 j 个喷丸区域喷打 t_j 个单位时间将使第 i 个节点产生的变形位移。根据模拟数据，通过曲线拟合的方法确定式（4.9）中 a,b 的值，进而可以确定系数矩阵元素 A_{ij} 和 B_{ij}。整个优化程序在 MATLAB 软件中实现，优化程序最终结果将得到喷打优化时间 $\bar{t}$。

(二) 基于 MATLAB 的优化程序

1. MATLAB 软件简介

美 国 Mathwork 公 司 于 1967 年 推 出 了 矩 阵 实 验 室 "Matrix

Laboratory"(缩写为 MATLAB) 这就是 MATLAB 最早的雏形。开发的最早目的是帮助学校的老师和学生更好的授课和学习。从 MATLAB 诞生开始，由于其高度的集成性及应用的方便性，能非常快的实现科研人员的设想，极大的节约计算时间，受到了大多数科研人员的支持。

MATLAB 用一种解释性执行语言，具有强大的计算、仿真、绘图等功能。尤其是世界上有成千上万的不同领域的科研工作者不停地在自己的科研过程中扩充 MATLAB 的功能，使其成为了巨大的知识宝库。同时因为有最丰富的函数库(工具箱) 所以计算的功能实现也很简单。另外，MATLAB 和其他高级语言也具有良好的接口，可以方便地实现与其他语言的混合编程，进一步拓宽了 MATLAB 的应用潜力。MATLAB 还有非常完善的使用手册，不仅包括使用方法，还有涉及的科学知识，非常简单易读。

2. 优化程序实现

本节采用与上述模拟算例相同尺寸和材料的试件进行参数优化，依据优化程序原理将试件划分为为 10 个喷丸区域(A,B,…,J) 及 18 个特定的节点(1,2,…,18)，如图 4.17 所示。程序由以下步骤构成：

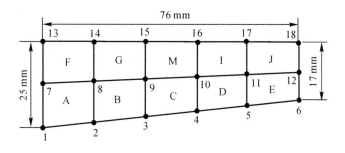

图 4.17　优化试件示意图

（1）各区域喷丸成形工艺模拟。优化程序最初需要建立喷丸打击后成形结果与喷打时间的对应关系。因此需要按照确定的喷丸工艺参数，按喷丸成形数值模拟方法对各个喷丸区域的喷丸工艺进行数值模拟，每次模拟只对一个特定喷丸区域的喷丸成形工艺进行模拟。图 4.18 所示为对喷丸区域 A 的成形工艺模拟的结果云图。

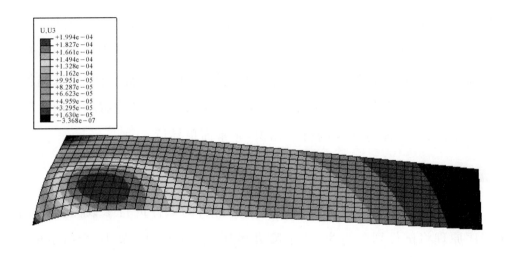

图 4.18　区域 A 喷丸成形工艺模拟结果云图

根据模拟结果，得出对特定喷打区域施加每个加载单元后的各特定节点的变形位移。基于此可以建立在对特定区域进行喷丸打击过程中每个加载循环与特定节点喷丸成形结果的对应关系。

（2）构造矩阵 $\boldsymbol{K}$。根据喷打区域模拟结果以及其满足的非线性关系，按式（4.9）使用 MATLAB 软件通过曲线拟合的方法（函数 nlinfit）获得第 $i(i=1,2,\cdots,18)$ 个特定节点对应第 $j(j=1,2,\cdots,10)$ 个喷打区域的系数 a,b 的值，即 A_{ij}，B_{ij}。进而可得矩阵 $\boldsymbol{A}$，$\boldsymbol{B}$。算例中依据模拟结果数据拟合所构成矩阵 $\boldsymbol{A}$，$\boldsymbol{B}$ 分别为

$$A_{18\times10}=\begin{bmatrix}
0 & 0 & 0 & 0 & 0 & 0 & 0 & 0 & 0 & 0 \\
0.278\,3 & 0.196\,5 & 0.130\,3 & 0.078\,8 & 0.052\,1 & 0.102\,6 & 0.151\,3 & 0.125\,8 & 0.077\,8 & 0.027\,9 \\
0.207\,1 & 0.252\,7 & 0.269\,2 & 0.158\,5 & 0.102\,1 & 0.110\,3 & 0.211\,4 & 0.230\,3 & 0.154\,1 & 0.058\,2 \\
0.137\,8 & 0.165\,2 & 0.274\,0 & 0.245\,1 & 0.150\,4 & 0.079\,6 & 0.164\,7 & 0.239\,4 & 0.210\,1 & 0.088\,4 \\
0.071\,1 & 0.086\,1 & 0.139\,8 & 0.199\,8 & 0.199\,0 & 0.042\,5 & 0.087\,6 & 0.139\,8 & 0.168\,8 & 0.100\,0 \\
0 & 0 & 0 & 0 & 0 & 0 & 0 & 0 & 0 & 0 \\
0.1667 & 0.0118 & 0.0016 & 0.0002 & 0.0052 & 0.1555 & 0.0111 & 0.0016 & 0.0002 & -0.0006 \\
0.226\,0 & 0.205\,3 & 0.134\,5 & 0.080\,7 & 0.043\,4 & 0.228\,5 & 0.204\,5 & 0.133\,2 & 0.079\,4 & 0.038\,8 \\
0.152\,8 & 0.253\,4 & 0.279\,0 & 0.163\,2 & 0.085\,9 & 0.160\,0 & 0.260\,7 & 0.277\,2 & 0.160\,4 & 0.079\,2 \\
0.099\,5 & 0.163\,2 & 0.278\,2 & 0.256\,7 & 0.129\,4 & 0.107\,8 & 0.169\,1 & 0.283\,6 & 0.253\,1 & 0.122\,5 \\
0.050\,8 & 0.084\,5 & 0.140\,0 & 0.206\,5 & 0.186\,4 & 0.057\,2 & 0.087\,7 & 0.143\,4 & 0.209\,3 & 0.182\,0 \\
-0.000\,4 & -0.000\,0 & 0.000\,3 & 0.002\,6 & 0.093\,7 & 0.000\,8 & 0.000\,0 & 0.000\,3 & 0.002\,8 & 0.099\,0 \\
0 & 0 & 0 & 0 & 0 & 0 & 0 & 0 & 0 & 0 \\
0.088\,7 & 0.149\,1 & 0.128\,8 & 0.081\,5 & 0.035\,3 & 0.263\,2 & 0.197\,7 & 0.131\,3 & 0.079\,8 & 0.051\,2 \\
0.091\,0 & 0.201\,1 & 0.231\,4 & 0.160\,5 & 0.070\,7 & 0.201\,1 & 0.252\,7 & 0.271\,1 & 0.159\,8 & 0.101\,8 \\
0.063\,4 & 0.154\,2 & 0.233\,6 & 0.215\,5 & 0.103\,7 & 0.137\,4 & 0.166\,0 & 0.275\,0 & 0.247\,2 & 0.152\,7 \\
0.032\,5 & 0.081\,9 & 0.134\,6 & 0.167\,8 & 0.112\,4 & 0.072\,9 & 0.086\,8 & 0.140\,9 & 0.201\,0 & 0.206\,5 \\
0 & 0 & 0 & 0 & 0 & 0 & 0 & 0 & 0 & 0
\end{bmatrix}$$

$$B_{18\times10}=\begin{bmatrix}
0.060\,0 & 0.060\,0 & 0.060\,0 & 0.060\,0 & 0.060\,0 & 0.060\,0 & 0.060\,0 & 0.060\,0 & 0.060\,0 & 0.060\,0 \\
0.036\,7 & 0.018\,4 & 0.018\,4 & 0.018\,5 & 0.033\,2 & 0.021\,9 & 0.018\,1 & 0.018\,2 & 0.018\,2 & 0.017\,9 \\
0.037\,0 & 0.018\,0 & 0.018\,3 & 0.018\,5 & 0.032\,3 & 0.022\,5 & 0.018\,1 & 0.018\,1 & 0.018\,2 & 0.018\,6 \\
0.036\,5 & 0.017\,9 & 0.018\,0 & 0.018\,3 & 0.031\,6 & 0.023\,0 & 0.018\,1 & 0.018\,0 & 0.018\,1 & 0.019\,2 \\
0.036\,2 & 0.017\,9 & 0.017\,9 & 0.018\,0 & 0.029\,9 & 0.023\,4 & 0.018\,1 & 0.018\,1 & 0.018\,0 & 0.019\,2 \\
0.060\,0 & 0.060\,0 & 0.060\,0 & 0.060\,0 & 0.060\,0 & 0.060\,0 & 0.060\,0 & 0.060\,0 & 0.060\,0 & 0.060\,0 \\
0.042\,7 & 0.015\,5 & 0.015\,8 & 0.019\,8 & 2.102\,2 & 0.043\,4 & 0.016\,3 & 0.016\,6 & 0.017\,9 & 0.127\,9 \\
0.029\,5 & 0.017\,9 & 0.018\,1 & 0.018\,2 & 0.026\,3 & 0.029\,3 & 0.018\,0 & 0.018\,1 & 0.018\,2 & 0.024\,0 \\
0.029\,9 & 0.018\,0 & 0.018\,0 & 0.018\,2 & 0.025\,9 & 0.030\,5 & 0.018\,1 & 0.018\,1 & 0.018\,1 & 0.024\,4 \\
0.029\,8 & 0.018\,1 & 0.018\,0 & 0.018\,1 & 0.025\,5 & 0.031\,2 & 0.018\,2 & 0.018\,1 & 0.018\,1 & 0.024\,7 \\
0.029\,4 & 0.018\,1 & 0.018\,1 & 0.018\,1 & 0.025\,1 & 0.031\,7 & 0.018\,2 & 0.018\,1 & 0.018\,1 & 0.025\,0 \\
0.091\,6 & -0.004\,5 & 0.018\,8 & 0.018\,4 & 0.050\,8 & 0.331\,3 & 0.019\,7 & 0.016\,4 & 0.017\,2 & 0.049\,1 \\
0.060\,0 & 0.060\,0 & 0.060\,0 & 0.060\,0 & 0.060\,0 & 0.060\,0 & 0.060\,0 & 0.060\,0 & 0.060\,0 & 0.060\,0 \\
0.021\,6 & 0.018\,1 & 0.018\,0 & 0.018\,0 & 0.019\,9 & 0.038\,0 & 0.018\,4 & 0.018\,2 & 0.018\,1 & 0.029\,8 \\
0.021\,8 & 0.018\,2 & 0.018\,0 & 0.018\,0 & 0.020\,0 & 0.039\,3 & 0.018\,4 & 0.018\,2 & 0.018\,1 & 0.029\,7 \\
0.021\,6 & 0.018\,3 & 0.018\,1 & 0.017\,9 & 0.019\,9 & 0.039\,5 & 0.018\,4 & 0.018\,2 & 0.018\,1 & 0.029\,7 \\
0.021\,1 & 0.018\,4 & 0.018\,2 & 0.018\,0 & 0.019\,5 & 0.039\,9 & 0.018\,3 & 0.018\,2 & 0.018\,2 & 0.028\,9 \\
0.060\,0 & 0.060\,0 & 0.060\,0 & 0.060\,0 & 0.060\,0 & 0.060\,0 & 0.060\,0 & 0.060\,0 & 0.060\,0 & 0.060\,0
\end{bmatrix}$$

将矩阵 A，B 代入式(4.14)可以构造矩阵 K。

3.确定优化方案

将矩阵 K 代入式(4.6),在 MATLAB 软件中按式(4.5)所示优化目标函数通过优化工具箱fmincon求解优化喷打时间 $\bar{t}$。设式(4.5)中节点目标变形位移向量 $\hat{w}$(单位:mm)如下式,t_l 和 t_u 分别为0和60 s,最大的容错 $\hat{\varepsilon}$ 为0.47 mm。

$$\hat{w} = \begin{bmatrix} w_1 & w_2 & w_3 & \cdots & w_{17} & w_{18} \end{bmatrix}' =$$
$$\begin{bmatrix} 0 & 0.9 & 1.3 & 1.1 & 0.6 & 0 \\ 0 & 1.1 & 1.6 & 1.3 & 0.8 & 0.01 \\ 0 & 0.9 & 1.3 & 1.2 & 0.7 & 0 \end{bmatrix} \qquad (4.15)$$

如果确定每个加载单元喷丸时间为3 s,可得优化喷打时间 $\bar{t}$。对应各个区域的喷打时间如图4.19所示。

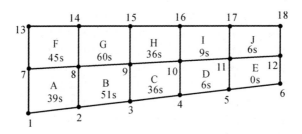

图4.19 优化喷打方案

(三) 程序流程图

根据参数化优化程序原理,整个优化程序的流程如图4.20所示。

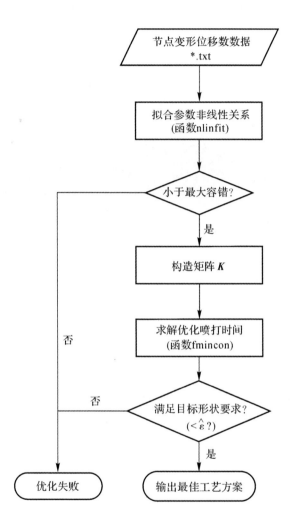

图 4.20　工艺参数优化流程

（四）优化方案模拟结果

按照优化喷打时间对试件喷丸工艺模拟后得到的结果如图 4.21 所示。

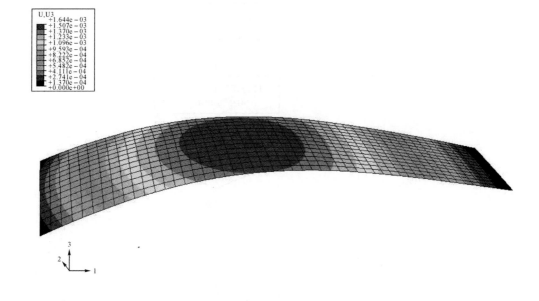

图 4.21　工艺优化结果云图

模拟后各个特定节点的变形位移与目标位移的对比如图 4.22 所示。

从优化程序结果可知：

（1）模拟数据拟合最小误差为 0.002 947%，最大误差为 0.040 5%，均满足式（4.1）的非线性函数关系。

（2）所有节点变形位移满足约束函数，与目标形状最大误差为0.33 mm。

（3）根据模拟结果云图显示，模拟结果形状与目标形状十分接近。

（4）优化程序运算时间约为 5 min。

本节根据成形数值模拟结果建立试件特定节点变形位移与喷丸打击时间的非线性关系。在特定目标形状的情况下，确立带约束的优化目标函数，利用MATLAB 软件优化工具包确定优化喷打时间。从而可以在工艺模拟阶段依

据目标形状确定特定喷打区域的喷丸打击时间,大大避免实际生产中常用的
试错法,同时也可以缩短工艺参数设计时间。

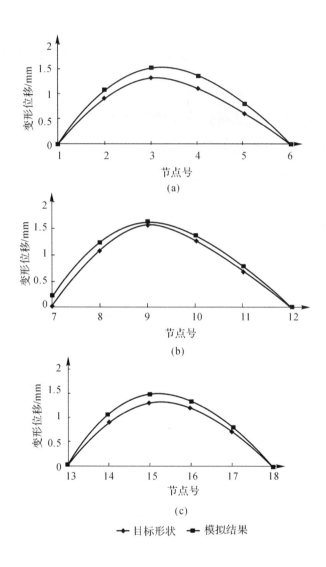

图 4.22　目标形状与模拟结果对比

但是,由于在优化过程中忽略了喷丸打击次序对喷丸成形结果的影响,因此在实际的操作过程中仍然需要对得到的优化打击时间进行一定程度上的调整。

4.2.4　带筋壁板的喷丸成形数值模拟与工艺参数优化

随着航空工业的不断发展,大型飞机的整体壁板技术已经基本代替靠铆接、胶接或点焊而成的装配壁板。为了满足航空工业中特殊的高强度低密度要求,板加筋结构零件变得尤为常见,如机翼、机身壁板等(见图 4.23)。而这些零件在航空工业中普遍运用喷丸成形工艺制造,并且已经成为不可替代的或者是首选方法,因在喷丸成形工艺中,带筋壁板零件数量不断增加。因此,对此类零件喷丸成形工艺进行模拟同样具有很重要的意义。

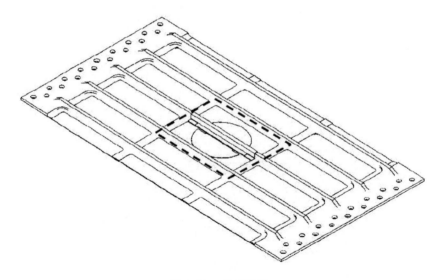

图 4.23　带筋壁板

(一) 喷丸成形工艺模拟

根据喷丸成形数值模拟原理,本节分别对不带筋壁板条件和带筋壁板零件的喷丸成形工艺进行模拟,比较两者在成形趋势上的差别以及筋条对成形结果的影响,从而验证此模拟方法对带筋壁板零件的有效性。

1. 有限元模型

不带筋壁板零件采用如图 4.24 所示尺寸试片,板加筋结构试件表面尺寸与不带筋壁板零件相同,板厚 3 mm,等距分布四条加强筋,筋高 2 mm,筋厚 1 mm。 材料均设定为 Al 5251。

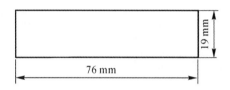

图 4.24　不带筋壁板试片尺寸

在模拟过程中不带筋壁板零件采用 ABAQUS 壳单元 S4R 复合板壳类型,厚向分为四层,各层节点数设为 5。板加筋结构零件受喷表面同样采用壳单元 S4R 复合板壳类型,厚向分为 4 层,各层节点数设为 5,筋条采用 S4R 一般壳类型。 其中等效塑性变形层的厚度 h_p 为 1.04 mm,过渡层厚度 h_{ep} 为 0.08 mm。 由于零件具有对称性所以只对其四分之一进行模拟,带筋壁板零件的有限元模型如图 4.25 所示。

2. 有限元工艺模拟

不带筋壁板零件模拟的方法与前文所述方法相同,其中温度应变 ε_t 设为 2.15%。 带筋壁板零件的模拟方法中,要注意的是不对筋条进行温度加载,其他部分的加载过程与不带筋壁板的加载方法相同。为了对两种零件在喷丸成形后变形结果进行对比,对加筋壁板零件的加载,其温度场与一般零件相

同。经过 20 个加载循环后,不带筋壁板和带筋壁板零件的成形结果云图如图
4.26 所示。

模拟结果显示不带筋壁板与带筋零件在成形趋势上基本相同,可是由于
筋板对零件的加强作用,带筋壁板零件的弧高值与不带筋壁板相差很多,云图
的分布也有差异,这是与实际生产工艺基本相同的。

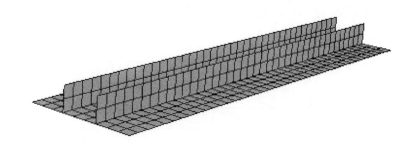

图 4.25 带筋壁板零件有限元模型

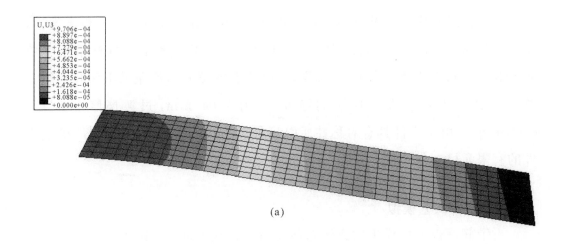

(a)

图 4.26 模拟结果云图

(a)不带筋壁板零件

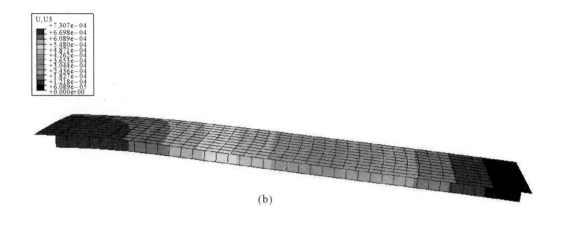

续图 4.26　模拟结果云图

(b) 带筋壁板零件

（二）喷丸成形工艺参数优化

按工艺参数优化原理,将零件受喷表面分为 8 个喷打区域(A,B,…,H)及 19 个特定的节点(1,2,…,19),如图 4.27 所示。

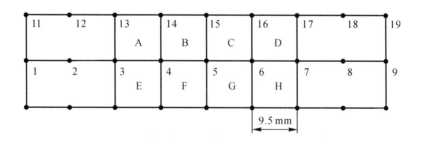

图 4.27　受喷表面区域划分

按照工艺模拟原理依次对 8 个喷打区域的喷丸成形工艺进行模拟,建立喷丸打击时间与特定节点变形位移的非线性关系。如果设定两零件目标形状

相同,特定节点的变形位移向量(单位为 mm)为

$$\hat{\boldsymbol{u}} = \begin{bmatrix} u_1 & u_2 & u_3 & \cdots & u_{17} & u_{18} \end{bmatrix}' =$$

$$\begin{bmatrix} 1.06 & 0.96 & 0.68 & \cdots & 0.65 & 0.33 & 0 \end{bmatrix} \tag{4.16}$$

然后在 MATLAB 软件中按优化目标函数通过优化工具箱 fmincon 函数求解优化喷打时间 $\bar{t}$,两个试件各个区域对应的喷打时间如图 4.28 所示。

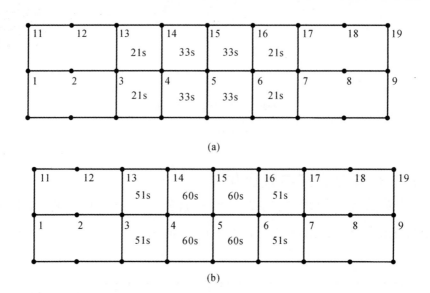

图 4.28   喷打优化时间

(a) 不带筋壁板零件;(b) 带筋壁板零件

按照优化方案对两个零件进行喷丸工艺模拟所得到的成形结果云图如图 4.29 所示。

两个零件各个特定节点的变形位移与目标位移的对比如图 4.30 所示。

优化程序结果显示所有节点满足约束函数,两零件的模拟结果形状与目标形状均十分接近。但是带筋壁板结构试件与不带筋壁板在喷丸时间上有很

大区别,这是因为筋条对零件具有增强强度作用,模拟和优化结果与实际工艺
过程比较吻合。

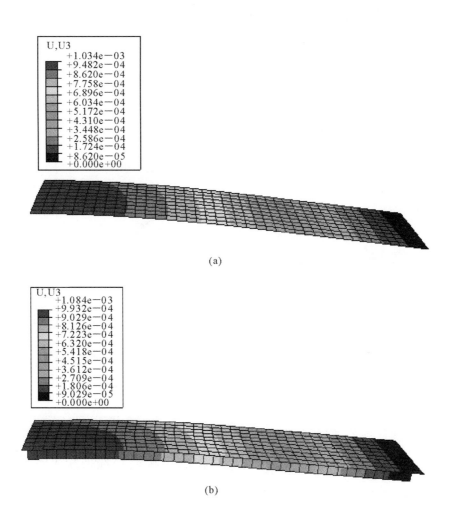

图 4.29　喷丸优化方案模拟结果云图

(a) 不带筋壁板零件;(b) 带筋壁板零件

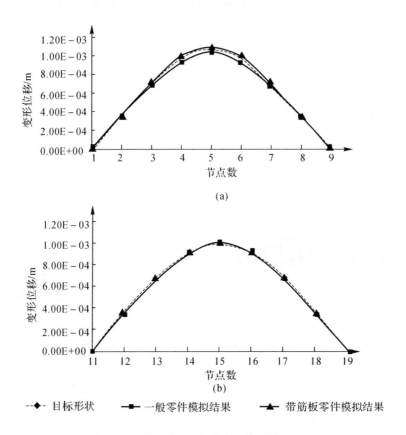

图 4.30　目标形状与优化方案模拟结果对比

　　本节对现代航空工业中常用的、喷丸成形工艺中常见的带筋壁板零件的喷丸成形工艺进行了数值模拟,并根据模拟结果按照目标形状进行了工艺参数优化,结果验证了数值模拟与参数优化方法对结构较复杂零件的适用性和正确性,对带筋壁板零件的喷丸成形工艺具有一定的指导意义。

4.3　预应力喷丸成形技术

　　喷丸成形是通过高速运动的金属弹丸传递能量,大量弹丸撞击作用的集合使得板件受喷表面形成密集凹坑,当表面凹坑达到饱和时,板件表层材料线性延伸停止,变形程度不再增加,因此喷丸成形的变形量有一定限制,只能适用于相对厚度较小,外形平缓的壁板。近十几年来,人们通过各种途径不断设法提高喷丸成形能力极限,主要方法有:采用大直径弹丸(最大 $\phi10$ mm),增加单位时间内弹丸流量(最大可达到 200 kg/min),采用气动直压式和窄叶轮抛丸技术提高弹丸喷射速度等。而预应力喷丸成形是为了解决机翼壁板马鞍型区域成形难题而发展起来的,从大量试验研究中人们逐渐发现预应力的使用不但能提高壁板在喷丸中成形方向的可控性,而且在相同喷丸强度下,与自由状态喷丸成形相比,可提高喷丸成形极限达 30% ~ 50%,极大提高了喷丸成形在大型壁板成形中的适应能力。

4.3.1　预应力喷丸成形原理

预应力喷丸成形是指在预应力夹具上对板件先进行弹性预弯,板件在弯矩作用下发生弯曲,然后在板件的受拉表面进行喷丸的成形方法。预应力喷丸时,受喷表面是在拉应力状态下接受弹丸撞击,与自由状态相比,这种拉应力有助于受喷材料的延伸,同时加深压应力层的深度,加大了压应力层中残余压应力的平均值,保证了板件能够按照要求方向成形。施加预应力的过程是弹性变形,应力与应变之间的关系符合弹性本构方程,外表层应力双向受拉,内表层应力双向受压。

大型壁板的预应力喷丸成形一般可分为弦向(横向)和展向(纵向)两种方式,大型壁板在弦向预弯状态接受喷丸时,相当于两种应力应变状态的叠加,使得板材外表层横向拉应变增大,约等于预弯应变与喷丸应变之和,内表层压应变也增大,从而达到增加弦向变形的目的,在弦向预弯状态下,展向只相当于自由喷丸状态,所以预应力喷丸成形也能很好克服球面变形倾向。大部分情况下,壁板在弦向已达到或超过外形要求时,才进行展向预应力喷丸,展向外形是在预弯状态下通过对特定区域对喷放料获得。展向预弯同样加大了展向应变,减少了对弹丸打击动能的要求,因此预应力喷丸成形使许多无法采用自由状态喷丸达到要求外形的壁板成形出了预期外形,有效扩大了喷丸成形工艺的使用范围。

大型壁板在外力作用下发生弹性预弯时,外力势能的变化全部转化为应变能储存于物体内部,随着外力的逐渐增加,壁板材料将经历弹性状态到塑性状态,而这是一个连贯过程,尤其飞行器壁板大多采用高强度铝合金材料,没有明显屈服状态,因此大型壁板预应变临界状态的确定是预应力喷丸成形的技术难点。预应力夹具是在进行预应力喷丸时,对壁板施加外力进行弹性变形的一种工艺装备,它不起成形模的作用,只是在板件的受喷表面上产生预定的拉应力(不超过材料屈服强度),目的是加大成形曲率,克服喷丸成形球面变形倾向,使板件按所需方向变形。预应力施加是根据三点弯曲原理,其中有两点起到支点作用,另外一点施力方向相反,起到顶点作用。按施加预弯的方式,预应力夹具可分为三类:弦向施加预弯,展向施加预弯和局部施加预弯。

4.3.2　预应力夹具工作原理与总体结构

新支线飞机外翼下翼面壁板为超临界整体厚壁板,不但结构复杂,而且为双曲率外形,成形难度极大,在自由状态下已超过喷丸成形极限,必须在喷丸前对其施加预应力,在喷丸过程中对其进行夹持。因此,预应力喷丸成形是新支线飞机外翼下翼面壁板喷丸成形的关键技术。

在喷丸成形过程中,前期采用卡板式预应力喷丸成形夹具(见图4.31)对新支线飞机外翼下翼面壁板进行预弯和夹持,不但工艺稳定性差、产品质量起伏大,而且加工周期很长。

因此,急需对此种长板式预应力夹具进行优化改进,以提高产品质量,实现壁板的快速定位、装夹和施力,缩短壁板加工周期。

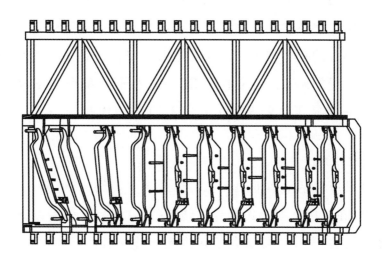

图 4.31　卡板式预应力喷丸夹具

（一）工作原理

根据新支线飞机外翼下翼面壁板的结构和外形特点，预应力夹具展向和弦向预弯采用三点压弯的方法，施力大小可随意调整（见图 4.32）。

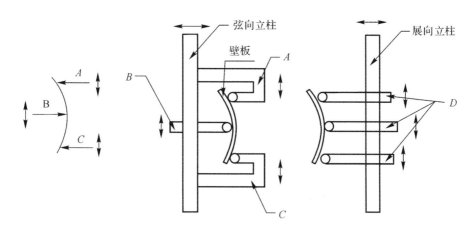

图 4.32　三点压弯原理图

为满足预应力夹具的柔性要求,以便加工不同大小的零件,如图 4.32 所示,施力点 A,B,C 都能够上下移动。A,C 两处移动是通过带 U 型槽的压板和立柱上开的等间距的孔来实现的。B 点是用可安装在立柱上任意位置的特制弓形夹来完成位置的调整。各立柱上和压板、弓形夹配合的压紧螺钉通过不同长度的 T 形槽半圆压块来压紧壁板,以保证施力均衡。

(二) 总体结构

预应力夹具应包括基本框架和施力体两个主要结构(见图 4.33)。

基本框架:在机床框架上设置专用转接整体横梁(可分段设计,刚性连接)用于施力体的安装,其中上横梁与机床框架上连接板的距离不小于 360 mm,下横梁与地面的距离不小于 900 mm;施力体分为弦向预弯施力体和展向预弯施力体,在横梁上按照下中壁板 1~24 肋位置(除 23 肋外)分别设置弦向施力体结构,在 1~11 肋位置设置展向施力体,要求 1 肋施力体与机床框架左端立柱的距离为 2 m。施力体垂直于机床框架平面,在水平方向上距离可调。

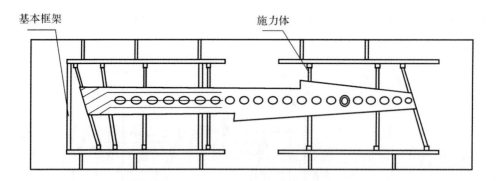

图 4.33　夹具总体结构示意图

根据新支线飞机外翼下翼面壁板喷丸成形的要求和特点,预应力夹具应满足以下要求:

（1）通用性强，适用于新支线外翼下翼面 6 项壁板在喷丸成形中的弦向和展向预弯。

（2）设计基准：对机翼壁板设计弦平面进行适当平移，与机床框架平面重合，并保证在机床框架两侧壁板翘曲量均不大于 150 mm。

（3）要求在正常使用时，夹具与机床的连接部位不能出现永久变形。

（4）施力体结构满足如图 4.34 所示的相应的运动要求。

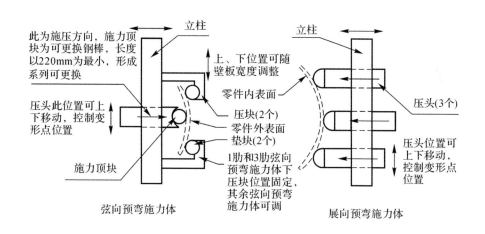

图 4.34　夹具施力体运动示意图

（5）弦向预弯施力体：要求在下中壁板 2～22 肋各肋位、2～3 肋间中间位置、1 肋和 24 肋零件两端头位置分别设置弦向预弯施力体，共 24 个，在 1～2 肋中间设置与 2 肋平行的、可安装 2 肋弦向施力体的安装位置；要求下前和下后壁板可以共用下中壁板相应位置的弦向施力体，不同壁板在各肋位的宽度由不同孔系控制。另在下前壁板靠近 15 肋零件端头设置定位托杆；在下后壁板靠近 10 肋零件端头设置定位托杆；在靠近 1 肋零件端头处、3 肋及肋间翼稍端头三处弦向预弯施力体下分别设置定位块，定位块应保证在零件装夹好后，其对接边缘呈水平状态。

（6）弦向施力体上压块设置原则：要求下中壁板 19 ～ 24 肋各肋位弦向预弯施力体压块压在口框边缘，其余各肋位弦向预弯施力体压块压在靠近搭接区的零件内边缘，并且有深入零件内边缘 50 mm 的连续可调节量。

（7）要求 2 肋、3 肋、2 肋和 3 肋肋间中间位置弦向预弯施力体压块与零件接触部分为 R50 mm 的球头。

（8）要求弦向预弯施力顶块采用 ϕ50 mm 铝棒，安装可靠、更换容易，要求任意 2 个弦向预弯施力体可同时夹持 1 根 ϕ50 mm 铝棒，也可单独夹持 1 根 ϕ50 mm 铝棒；要求除 2 肋、3 肋、2 肋和 3 肋肋间中间位置弦向预弯施力体外，任意两个弦向预弯施力体的上下压头可同时夹持 1 个 ϕ50 mm 铝棒，也可单独夹持 ϕ50 mm 铝棒。

（9）展向预弯施力体：共 5 个，其中 3 个分别用于 2 肋、3 肋、2 和 3 肋肋间中间位置的展向预弯，其余 2 个用于 4 ～ 11 肋的展向预弯。

（10）要求展向预弯施力体压头与零件的接触部分为 R50 mm 球头。

（11）要求展向预弯施力体 3 个压头和弦向展向预弯施力体的压头为弓形夹形式，可沿支柱上下位置连续可调，可以互换。

（12）要求另外单独配置弓形夹形式压头 16 个，其中可安装 ϕ50 mm 铝棒的 8 个，R50 mm 球头形式的 8 个。

（13）要求弦向预弯量在 0 ～ 60 mm 范围内连续可调。

（14）要求对 2 ～ 11 肋部位必须考虑展向预弯，对弦向施力体进行加强，以保证在实施展向预弯时，可以以 2 ～ 11 肋部位的弦向预弯施力体为基准，连续施力整体移动展向预弯施力体，实现展向预弯功能。施力方式可为螺杆结构，旋合长度大于 350 mm。展向施力体到位后，可拆除弦向施力体，以不影响喷丸成形。

（15）要求所有压板、螺杆及插销等易损件的配置数量均为实际使用数量的 1.4 倍。

（16）要求在所有涉及的相应位置预留安装孔位。

（17）要求在各施力体标明适用的肋位，共用的弦向预弯施力体上各不同壁板的定位块应有防错标记。

（18）下后壁板的 4 肋弦向施力体允许平移，但在 3 肋和 4 肋弦向预弯施力体上增加用于下后壁板三角区成形的铝棒。

（19）标识清楚、完整。

（20）夹具总质量不超过 2 t。

（21）夹具总宽度在机床框架中心两侧面均不超过 285 mm。

4.3.3　柔性预应力夹具优化要求

预应力夹具总设计长度近 14 m，所使用的零件上千个，不仅组装时难度非常大，装夹新支线机翼下翼面壁板时工作更是繁琐。为提高预应力夹具的使用性能，要求对其设计方案进行一系列的优化，以实现预应力夹具的组合化、标准化和系列化。

（一）夹具结构组合化

1. 基本框架组合化
基本框架不但要具有足够的刚性，与机床框架连接方便可靠，而且要能够和夹具的施力体相连接，保证在壁板预弯过程中夹具稳定可靠。

2. 施力体组合化
施力体按结构分为滑轨、立柱、弓形夹和压板。

（1）滑轨组合化：预应力夹具所使用的滑轨均应有配套的螺栓、螺母，方便工人取用。

（2）立柱组合化：预应力夹具所有立柱上的固定孔大小一致，所使用的压紧螺钉和紧固螺钉均根据固定孔的尺寸进行设计制造,配合性高。

（3）弓形夹组合化:弓形夹的结构、大小均根据立柱的结构、大小进行设计,并配有专用的手柄。

（4）压板组合化:预应力夹具的压板可以通用,并配有专用的手柄、压块和螺钉。

（二）夹具零件标准化

1. 螺钉、螺栓标准化

统一压板的压紧螺钉规格均为 M30,滑轨和立柱的连接螺栓均为 M20,有效长度为 100 mm。·

2. 压板标准化

压板的可调节量均为 60 mm,长度均为 180 mm。

3. 铝棒标准化

施力顶块的铝棒均为 ϕ50 mm。

4. 立柱标准化

弦向立柱上的固定孔均设计为 ϕ21 mm 的通孔,间距为 60 mm,长度与夹具高度保持一致。

5. 压头标准化

展向预弯施力体压头与零件接触部分均为 R50 mm 球头。

（三）夹具零件系列化

1. 铝棒系列化

施力顶块的铝棒的长度规格包括 100 mm,220 mm,800 mm,900 mm、1.1 m,1.2 m,1.5 m 和 3 m,以适应不同尺寸零件的装夹。

2. 压紧螺栓系列化

压紧螺钉的长度规格包括 250 mm,280 mm,350 mm,400 mm,以用于对壁板不同部位不同程度的预弯。

3. 立柱系列化

为满足壁板不同肋位的需要,立柱设计有 90°直立柱、60°斜立柱等类型。

4.3.4　柔性预应力夹具优化设计

（一）夹具整体结构设计

夹具总设计重量近 2 t,为防止夹具的重力全部作用到机床的上横梁或者下横梁上,使其产生严重的凹曲变形(见图 4.35(a) 和图 4.35(b)),为了把夹具的重力均匀分散到上、下横梁上(见图 4.35(c)),将立柱两端和滑轨安装配合的孔间距做到和上下滑轨孔间距相同。

由于机床上、下横梁有一定弹性,使它们可以同时承受立柱的重力。立柱在受到机床上横梁向上拉力的同时,也受到下横梁对它向上的支撑力。这样立柱的重力就被分散到上下横梁上,减小了机床框架的变形。以最长壁板 — 015 为例来说,除 4 肋位之前的立柱和 24 肋的立柱为斜立柱外,其余立柱都与机床框架水平面垂直,作为承力立柱使用(见图 4.36)。

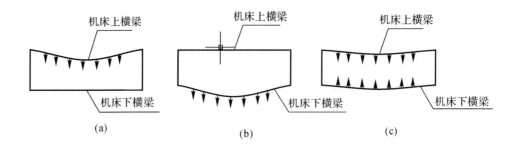

图 4.35 喷丸机床上下横梁受力示意图

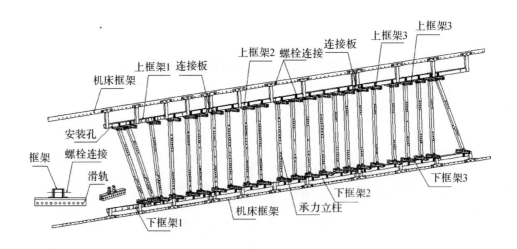

图 4.36 喷丸夹具与机床上下横梁安装示意图

(二)夹具弦向结构设计

为保证夹具的刚性符合要求,且夹具的总质量不超过设计要求,在每个肋位设 1 个 80 mm×80 mm、壁厚 5mm 的方钢作为弦向立柱。12.5 m 长的马鞍形双曲壁板共有 22 根弦向立柱作为弦向施力体,并且局部还配有与单个螺钉配合的光面压块,施力灵活,方便。

各立柱和压板、弓形夹配合的压紧螺钉通过不同长度的 T 形槽半圆压块来压紧壁板,达到势力均衡,为了防止压坏壁板,压块采用硬铝制造。T 形槽半圆压块最短 100 mm,最长 4 m。局部还配有与单个螺钉配合的光面压块,施力灵活、方便。

(三) 夹具展向结构设计

不同结构和大小的壁板展向成形是通过弦向立柱和展向立柱在滑轨上的前后移动来实现的。夹具体上、下横梁都装有滑轨,滑轨上开有间距 50 mm 的圆孔,和立柱上的孔通过 M20 的螺栓连接,通过立柱和滑轨上不同位置孔的配合,来实现壁板展向预弯的粗调。

在展向弯曲比较大的 1 到 11 肋位使用展向立柱,在这 14 根弦向立柱上下两边各开了 2 个和展向立柱连接的 M30 的螺栓孔,4 根展向立柱和它们配合使用。

由于加工的零件长短大小不一,最长达 12 m 多,夹具体总长也近 14 m。考虑到整个工装和机床的强度、刚性、重量、制造的可行性,夹具体是用槽钢、方钢焊接成的 3 个上框架和 3 个下框架构成的。框架和框架之间用钢板通过螺栓连接起来.上下框架又通过螺栓和机床连接,夹具体装卸灵活,方便。机床框架带有若干 ϕ15 mm 的孔,使夹具体和机床框架完全成为一体。上、下框架横梁上按肋位打有和滑轨安装的孔,它们的装配也是通过螺栓螺母完成的。

(四) 夹具的标识标记

为提高预应力夹具的通用性,满足新支线外翼下翼面 6 项壁板(图号分别为下前壁板 572A2000-014-001/002,下中壁板 572A2000-015-001/002,下后壁板 572A2000 - 016 - 001/002)在喷丸成形中的弦向和展向预弯,减少夹具立柱的安装与调换,降低工人的劳动强度,4～23 肋立柱的位置设计与 6 块壁板肋位均重合,无论哪块壁板安装时,无需更换,只需调整 1～3 肋及 24 肋立柱的位置来保证壁板的装夹,且在上下横梁上为需调整的立柱打出所需的定位孔,并打上标记,方便工人进行安装使用。

4.3.5　预弯位置确定和预弯量测量

大型复杂双曲率壁板的外形数学曲面一般均包含若干个不同特征的马鞍型和双凸型区域,在施加预应力进行预弯时,支点和压点的位置很难确定,尤其对于外形突变的复杂区域,三点预弯相对位置的不同,就会引起喷丸后该区域外形的显著变化,如果预弯位置不合适,壁板变形就会偏离要求外形,甚至起到相反作用,根据实践经验,预弯位置的设计关系大型壁板喷丸成形的成功与否。

1. 预弯位置确定

对壁板 3D 数模进行系统几何分析是确定预弯位置的基础,从数学角度来看,双曲率壁板外形面上每个点的曲率一般是由方向相互垂直或成一定角度的极大和极小两个主曲率构成,并且极大曲率的方向往往近似与壁板弦向一致,称为弦向曲率;极小曲率的方向往往近似与壁板展向一致,称为展向曲率,通过对壁板不同区域几何特征分析,能够确定弦向和展向预弯的部位和三点预弯支点和压点的位置。

大型壁板上马鞍型区域外形曲率的两个主曲率为异号,在其展向两侧区应存在展向曲率从凹变凸发生改变的边界点,并具有展向弯曲半径最小的凹点。参照图 4.37 所示,a,b,c 和 d 四点为典型马鞍型区域在机翼壁板展向外形面两边沿的边界点,e 为 ab 线上主极小曲率值(即展向曲率)最大点,f 为 cd 线上主极小曲率最大值点,由此得到展向预弯时线 ac,ef 和 bd 构成展向三点预弯位置,其中 ac 和 bd 为支点位置,ef 为压点位置。

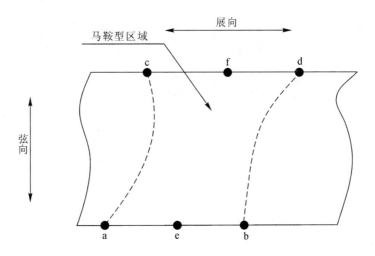

图 4.37　马鞍型区域预弯位置确定原理图

2. 预弯量测量

当对大型壁板施加外力进行预弯时,有应力和应变两个变量。应变值易于测量和控制,通常是采用弧高仪通过测量弯曲半径来计算应变量。

第5章 现代飞机机翼壁板外形数字化检测技术

随着制造业的发展,特别是汽车、航空航天、船舶等行业的发展,具有大型复杂曲面的零件越来越多地应用到这些行业,对大型空间自由曲面的高准确度高速度测量提出了越来越高的要求。

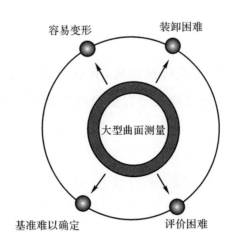

图 5.1 大型曲面测量的难点

大型曲面测量的难点如图 5.1 所示。对大型曲面的测量,传统的方法是采用构架样板或专门大型的测量设备,而且多为离线测量的方法。由于专用设施庞大,精度难以保证,不易保证加工基准与测量基准的重合,难以实现测量数据的数字化,难以满足曲面采取数控技术进行加工所需,而且这种专门的设施造价昂贵,难以实现对不同曲面零件间的互换。因此,如何实现这些大型曲面数字化精确测量,并将这些测量的数据应用到曲面的加工中,实现测量与加工的一体化,成为曲面加工和测量的一个难题。

机翼直接影响着飞机的气动性能和承载能力,其设计与制造水平对飞机的性能起着决定性作用。现代飞机已广泛采用整体壁板代替铆接壁板或薄蒙皮,作为主要承力构件参与承载,以提高机翼的气动性能、承载能力、疲劳寿命,并利用机翼作为整体油箱。随着现代飞机设计要求的不断提高,机翼整体壁板无论从外形还是结构上都日趋复杂,壁板制造难度不断增大,传统经验型检测模式难以适应现代复杂外形整体壁板的检测要求。目前以计算机为代表的数字化技术已经相当成熟,并在各大航空企业内得到日益广泛的应用,为研究开发先进产品制造模式提供了有力支持。目前我国投入大量的人力物力以使飞机机翼壁板的性能得到最大程度的提高,投入巨资从国外引进先进的数控喷丸成形加工设备,以实现机翼整体壁板的数字化制造。在大型整体壁板件制造中采用数字化技术,将有助于解决传统制造模式下遇到的难题并提高生产效率。

对飞机机翼壁板的检测是一个大型自由曲面测量问题,目前国内对机翼壁板检测主要采用构架样板模式进行检测,即通过塞尺检测壁板与构架样板沿肋板位置间隙的大小,从而达到检测目的,显然这种测量方法对操作人员比较依赖,人为带来的误差会比较大。对于每一块壁板的检测都需要一个专门的构架样板,由于不同机型的机翼壁板外形不同,即使同一机型机翼也是由多块壁板组成,因此要实现对机翼壁板的检测需要多块构架样板。图 5.2 和图 5.3 分别为构架样板的调整和采用构架样板对新支线 ARJ21 飞机机翼壁板进行测量的工作照片。显然这种检测方法不仅效率低、成本高,用于检测的构架样板不具有通用性,且占空间较大。

图 5.2　构架样板调整工作照片

图 5.3　构架样板测量工作照片

随着现代飞机机翼壁板加工广泛采用先进的数控喷丸加工技术,而数控加工是基于计算机 CAD 模型和数据,传统构架样板的测量方法显然很难得到准确的适合数控加工的数据,不适应数控加工要求。

"工业化"发展的核心是"信息化","信息化"的核心是"数字化","数字化"也是先进制造技术发展的核心。实现测量数字化,是适应先进制造技术发展和数控加工技术发展的要求。另外,壁板多次装夹降低了生产效率,增加了重复定位误差,给生产和测量带来了诸多不便。因此,采用数字化外形检测技术,改变现有模拟量检测的现状,是提高检测效率的重要手段。

5.1　大型复杂曲面测量技术

5.1.1　复杂曲面测量理论基础

复杂曲面也称自由曲面,复杂曲面的测量技术历来是几何量计测技术中一项重要的研究课题。随着工程实践中自由曲面产品的大量涌现,自由曲面的测量日益重要。有研究认为将计算机技术应用于该类零件的寻位,实现数控机床自动测量计算机辅助定位,对于提高其加工精度和生产效率具有重大意义。

在先进制造技术中,测量及质量控制是检测监控的一项重要内容。传统上,自由曲面的形状采用硬模板进行测量和描述,但是模板式评价需要人的主观参与,评定结果因人而异;测量时间长且精度低;手工操作的模板式测量难以与自动控制系统、质量管理系统进行信息交流;模板测量实际上只是控制参数曲面上若干个截面曲线的形状误差,但有限个截面曲线并不能完全表征整张曲面的形状误差。这种曲面模板的测量只是一种二维测量。为了满足实际需要,出现了三维测量仪。三维坐标测量是自动化的,它产生更加全面、精确的实际零件数字化几何信息,而且不同几何形体的各个部分能够在一个过程中测量。三维坐标计量学应用于检测的过程可划分为两个子任务,分别是数据获取和数据分析。

目前市场上已有的三维坐标测量元件按照数据获取的方式分为三大类:第一类是利用被动数据获取技术,第二类是利用主动数据获取技术,而第三大类只包含自动断层扫描技术。Shen W,I Ainsworth 概括了以计量为目的的数据分析存在的两种途径:一个是由测量数据拟合壁板轮廓形状,这种离线分析法不适用于自由曲面,并且目前只能判断产品合格与否;另一个是把测量数据与已经存在的 CAD 模型进行比较,该法可应用于包括自由曲面的各种形状,而且这种比较结果能为改进设计和制造提供有价值的反馈数据。

复杂曲面测量的基本思路为通过曲面-曲线-点集-测点集的分解转化为点的测量。有学者将复杂曲面测量划分为三种模式。模式一,测量复杂曲面上的规划特征线以评估曲面的质量。此模式主要适用于规则复杂曲面的测量,特别是回转类复杂曲面的测量,例如通过测量螺旋面的螺旋线和轴向截面外形去控制螺旋面的质量。这种模式相关的测试技术得到了较快发展,各种 CNC 式的专用测量机、齿轮测量中心、多维测量中心以及坐标测量机已成为生产实际中的主要测量方法。模式二,测量曲面上的一系列规划点去计算曲面轮廓误差以评定曲面的质量。这种模式下的测量是复杂曲面较为精确的测量方式,轮廓度误差测量的传统方法有:轮廓样板法、仿形测量法、轮廓投影法和光学跟踪法等。模式三,用测量曲面上的一系列规划点来提取曲面原始形状信息以重构被测曲面从而实现被测曲面的数字化,也就是逆向工程。这种方式主要针对数学模型未知的复杂曲面,是逆向工程的重要技术。

目前国内外对基于坐标法的复杂曲面测量技术的研究主要集中在数据获取、曲面重构、测头半径补偿以及误差分离与评定等方面。基于坐标法的复杂曲面(曲线)的测量过程实际上是用一系列离散点提取曲面(曲线)原始几何形状信息的过程。其基本问题是曲面上测点的多少及其分布,其实质是采样方式问题,实际应用中,常用的采样方法有等间距法、等弧(弦)长法和等弦高法。自适应采样法是当前研究的热点,其基本思想是:采样点的疏密应随曲面曲率变化而变化,曲率越大,采样点应越密;反之亦然。根据测点集对曲面建模即为曲面重构,也称曲面的逆向工程,复杂曲面测量中,存在测头中心轨迹与实际曲面轮廓两次建模。前者为了测头半径补偿,后者为了曲面误差评定或为了曲面数字化。常用的自由曲线和自由曲面的建模方法有:多项式法、Lagrange 法、三次样条法、Bezier 法、B 样条法、Coons 法以及 NURBS 法等。在复杂曲面测量的建模中,双三次 B 样条插值曲面和双三次 Coons 插值曲面应用较多。90 年代以来国内外学者在曲面测量测头半径三维补偿中通常采用以下两种方法:点距法与等距面法。点距法的基本思想是求出测头中心到理论曲面轮廓的距离,将该距离减去测头半径即为实际曲面相对理论曲面的偏差。由于测头球面具有法矢自适应性——球面上任意一点的法矢与球心共线这一特点,因而一个球面体可以包络出任意一个小于自身曲率的曲面。在包络过程中,球心所走过的轨迹,就是该曲面的等距面,将这一思想运用于复杂曲面的测头补偿中,称之为"等距面"法。关于误差评定,对模式一的曲线(或直线)的误差评定,已有较多的方法,常见的有最小二乘法和基于各种优化算法的最小区域法。模式二的误差评定是指复杂曲面的轮廓误差评定。在工程实践中,对曲面轮廓度的要求表现为两种形式:一种是有基准要求的,另一种是没有基准要求的。两种形式的轮廓度误差评定是不相同的。对于有基准要求情况,需首先作测量坐标系与设计坐标系的转换,待两者坐标系一致以后,求被测点到名义曲面距离即可。对于无基准要求的轮廓度,由于没有一个统一的位置基准,其误差评定就要复杂得多,曲面的匹配是主要问题。曲面匹配存在匹配准则的问题,即根据某些可接受的标准建立一个目标函数,匹配的结果应使目标函数的值最小。

5.1.2 大型复杂曲面测量方法

精密测量是现代制造业的关键基础技术之一,在汽车、航空航天、船舶及其相关领域有着广泛的应用,目前常用于大型复杂曲面测量的方法主要有以下几种:大型三坐标测量机、激光跟踪仪、经纬仪、机器视觉以及全站仪等。

三坐标测量的优点是直观,操作方便,尤其对中小型曲面的测量精度很高,缺点是对环境条件要求高,使用范围受到一定限制。例如,不适合在环境条件差的铸造车间使用,不便于携带进行流动测量;由于受到悬臂的长度和刚度限制,对大型曲面测量的机械误差较大。经纬仪测量的优点是对环境条件要求低,便于携带,可以流动测量,对大型曲面的测量精度高。缺点是系统每次使用时都要进行标定,需两人以上操作,这样就存在标定系统误差及人为引起的随机误差。机器视觉测量时需从不同角度对测量对象的不同区域进行分块测量,然后将测量数据拼接构建 3D 数据模型。机器视觉测量的优点是不受测量环境的限制,缺点是算法复杂,拼接误差较大,适合于对拼接精度要求不高的应用场合。

目前在工业领域也越来越多地应用全站仪和激光跟踪仪。瑞士徕卡公司开发的 TDM5005 工业级全站仪(见图 5.4)可以灵活地运用于各种测量工作中,并且在各种环境条件下都能够保持很高的精度和稳定性。通过采用精密测距仪和机动特性,全站仪能够使用在各个领域,成为真正的大尺寸便携式测量系统,完成加工、检测和装配。

瑞士徕卡激光跟踪仪系统(见图 5.5)具有稳定、精确、快捷的优点。徕卡激光跟踪仪配备了高精度的垂直和水平角度编码器,可以实现精确的角度测量;配备了获得专利的徕卡干涉仪,可以实现精确的距离测量;还配备了绝对测距仪;如配备的 T 系列产品(T-Probe,T-Scan 等)具有三坐标测量机和扫描仪的功能。该系统已广泛应用于航空航天、汽车、造船等行业,如波音、空客等飞机制造企业,通用、大众、福特、标致、丰田、宝马等汽车制造业,以及阿尔斯通、ABB、卡特彼乐等公司都已采用。

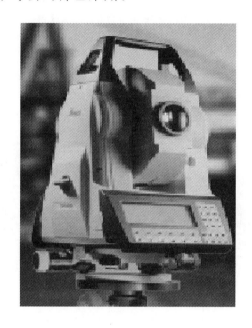

图 5.4　TDM5005 全站仪

图 5.5　激光跟踪仪

英国 MDL 公司研究开发的 Laser Ace300 手持式激光测量系统,如图 5.6 所示,是一种高性能的脉冲激光测距仪以及测斜仪,它有一个照准目标的红点,其测量结果显示在 LCD 上,可以测量大型壁板的尺寸。然而,上述全站仪和激光跟踪仪及激光测量系统价格昂贵,普通配置的徕卡激光跟踪仪系统价格在 160 万元人民币左右,并且都是离线非自动测量,测量效率较自动测量低。

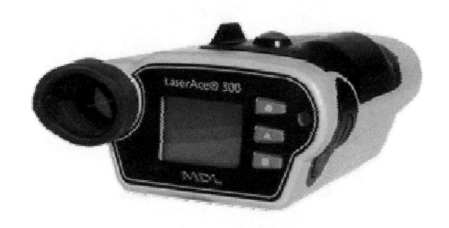

图 5.6　Laser Ace300 激光测量系统

从 20 世纪 90 年代开始,欧美等发达国家纷纷将先进的激光视觉检测技术运用于汽车车身的检测与控制,有效地提高了汽车质量。从 1999 年 4 月,由天津大学精仪学院教授叶声华领导的课题组和南京依维柯汽车有限公司车身厂共同研制的南京"依维柯白车身三维激光视觉检测系统"投入使用,运行稳定可靠,柔性好,软件灵活,节省了大量的费用。图 5.7 为汽车白车身视觉检测系统示意图。"依维柯白车身三维激光视觉检测系统"由多个不同类型的视觉传感器组成,不同的被测点由相应的传感器测量,能实现自动定位误差补偿,经过测量预处理,测量过程可实现自动化,测量 1 台白车身上的 30 个点(测量点分布整个车身的外表面,其类型包括圆孔、棱线、三棱拐点)只需

7 min,而且重复性好,使用方便,性能稳定,数据可靠。系统的综合测量能力能够满足白车身检测的要求,可适用于不同车型、大批量汽车车身焊装线,实现在线检测。

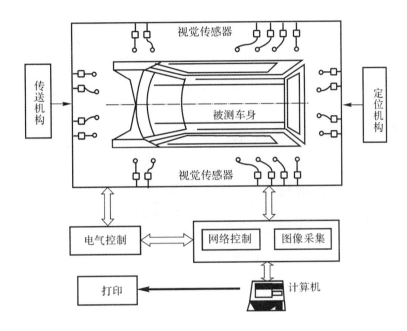

图 5.7　汽车白车身视觉检测系统[50]

5.1.3　壁板外形数字化检测目标

对飞机机翼壁板的检测是一个大型曲面的测量问题。大型曲面的测量本身就是个难点问题,要实现大型曲面的快速数字化测量难度更大。为了实现对不同机型壁板的快速数字化检测,并根据国内外在大型曲面测量方面的现状,提出了几种方案,并对各种方案的可行性进行了详细论证。最终设计方案基于壁板喷丸成形原位在线测量系统的基本测量原理,同时克服了原系统检测效率低等缺点,实现了对各条肋线的同时扫描,大大提高了检测效率。同时设计的检测系统能够满足对不同机型壁板测量的要求，从而使得检测系统的柔性大大增强。主要研究目标是：

（1）机翼壁板快速数字化检测方案的确定，并对方案的可行性进行详细论证。

（2）检测系统的总体设计（包括硬件部分，软件部分）。

（3）针对方案实现过程中的难点问题，如壁板的支撑定位、测量数据预处理以及曲面重构评价等问题进行深入的研究，并提出比较好的解决方法。

5.2 数字化检测系统方案

5.2.1 曲面测量关键技术

随着 CIMS 的推广应用，企业在向柔性化、自动化发展的进程中，提出了对计算机辅助质量（CAQ）系统的需求。计算机辅助检测计划系统已成为 CAQ 系统的重要组成部分，它的核心问题就是解决如何检测零件。对于加工后的零部件，进行扫描测量，利用逆向工程中的曲面重构技术构造 CAD 模型，将该模型与原始设计的几何模型在计算机上进行数据比较，可以检测制造误差，提高检测精度。另外，将 CT 测量技术和逆向工程的曲面重构技术相结合，还可以对产品进行对象测量、内部结构诊断及量化分析等，从而实现无损检测。目前，曲面测量的关键技术如图 5.8 所示。

（一）数据获取

曲面测量是通过特定的测量设备和测量方法获取被测零件表面离散点的几何坐标数据。如何高效、高精度地实现壁板零件表面的数据采集，一直是反求工程的主要研究内容之一。工程中数据测量方法主要有两种：一种是接触式测量法；另一种是非接触式测量法。

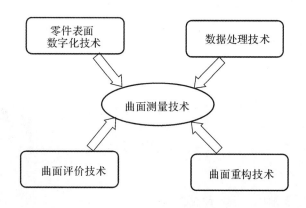

图 5.8　曲面测量关键技术

1. 接触式测量法

接触式测量目前主要有基于力-变形原理的触发式和连续扫描式数据采集。在接触式测量方法中,机械三坐标测量机(CMM)是一种发展较为成熟的曲面测量设备。

三坐标测量机广泛地用于机械制造、电子、汽车和航空航天等工业中。它可以进行零件和部件的尺寸、形状及相互位置的检测,例如箱体、导轨、涡轮和叶片、缸体、凸轮、齿轮、形体等空间型面的测量。此外,还可用于划线、定中心孔、光刻集成线路等,并可对连续曲面进行扫描及制备数控机床的加工程序等。由于它的通用性强、测量范围大、精度高、效率高、性能好、能与柔性制造系统相连接,已成为一类大型精密仪器,故有"测量中心"之称。

常用的三坐标测量机的结构形式有:桥式、龙门式、悬臂式、水平臂式、立柱式等等。通用的、高精度桥式三坐标测量机,可以满足现代制造的80%壁板的检测需要,并可以广泛使用在车间现场、质量控制、设计、工艺等各个部门。

水平臂式三坐标测量机是悬臂式的一种,又称地轨式三坐标测量机,在汽车工业中有广泛的应用。大型龙门式测量机能够完成对大型壁板的测量和对于复杂形状和自由曲面的扫描,图 5.9 所示为西飞公司采用大型龙门式测量机对大型壁板进行测量。

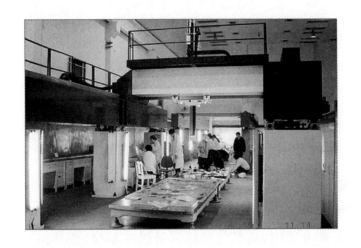

图 5.9　大型龙门式测量机对大型壁板进行测量

三坐标测量机主要缺点表现在:由于该方法是接触式测量,易于损伤探头和划伤被测样件表面,不能对软质材料和超薄形物体进行测量,对细微部分测量精度也受到影响,应用范围受到限制,始终需要人工干预,不可能实现全自动测量,测头半径存在三维误差补偿问题,测量速度慢,效率低。

先进制造技术、各种工程项目与科学实验的需要对三坐标测量机不断提出新的、更高的要求。从目前国内外三坐标测量机发展情况和科技、生产对三坐标测量机提出的要求看,在今后一段时期内,它的主要发展趋势概括为以下几方面:

(1)提高测量精度。

(2)提高测量效率。

（3）发展探测技术，完善测量机配置。

（4）发展软件技术，发展智能测量机。

（5）控制系统更开放。

（6）进入制造系统，成为制造系统组成部分。

（7）加强量值传递、误差检定与补偿的研究。

2. 非接触式测量法

非接触式测量是利用某种与物体表面发生相互作用的物理现象，如声、光、电磁等来获取物体表面的三维坐标信息。随着机器视觉和光电技术的发展，采用光电方法的非接触测量技术迅速发展。它以现代光学为基础，融合电子学、计算机图像学、信息处理、计算机视觉等科学技术为一体。非接触式数据采集速度快精度高，排除了由测量摩擦力和接触压力造成的测量误差，避免了接触式测头与被测表面由于曲率干涉产生的伪劣点问题，获得的密集点云信息量大、精度高，测头产生的光斑也可以做得很小，以便探测到一般机械测头难以测量的部位，最大限度地反映被测表面的真实形状。根据作用方式的不同，可分为光学法、电磁式和声学式等，这些方法都有各自的应用范围。

激光三角形法是目前最成熟，也是应用最广的一种非接触测量方法，它是基于光学三角测量原理、光电转换技术及单片机原理设计的非接触式测量系统。独特的光学系统使被测曲面的位置变化与光电耦合器（CCD）上被测光点的位移成线性关系，通过 CCD 获得可靠的光点位置，由数字化装置将 CCD 上的光点位置转化为数据，从而实现实体模型表面的数字化测量。它的测量速度快、准确度高，可实现全自动操作。

光学三维坐标测量技术在航空航天制造业的装配测量中占有重要地位。相对于传统的三坐标测量机测量方式，光学三维坐标测量技术具有无导轨、检测速度快、便携性好等特点。经纬仪、摄影测量系统和激光跟踪仪是目前应用较多的 3 种光学三维坐标测量设备。其中,激光跟踪仪是近十年才发展起来的新型测量仪,它集激光干涉测距技术、光电检测技术、精密机械技术、计算机及控制技术、现代数值计算理论等于一体,可对空间运动目标进行跟踪并实时测量运动目标的空间三维坐标,具有安装快捷、操作简便、实时扫描测量、测量精度及效率高等优点被誉为"便携式 CMM"。它通过采集壁板的空间三维点坐标数据来确定相应的位置、形状、尺寸、特征位置以及相关配合尺寸的情况,特别适合于不便于移动的大型壁板的空间三维几何尺寸的精密测量。

激光跟踪仪通常有以下几部分组成:跟踪部、跟踪仪控制机、靶标,如图 5.10 所示。

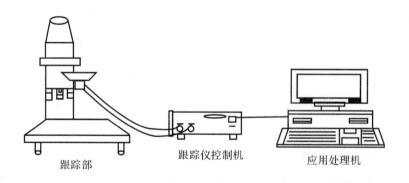

跟踪部　　　　　　跟踪仪控制机　　　　　应用处理机

图 5.10　激光跟踪仪硬件组成

当测量大尺寸壁板时,跟踪头在一个位置上可能无法测到所有被测元素,或被测元素被壁板的其他部分挡住,在这种情况下必须移动跟踪头。激光跟踪仪的软件具有完善的"bundle"功能,可将跟踪头在不同位置测得的数据转化到同一坐标系中。

激光跟踪仪系统是一套集测量、坐标系建立、数据分析、几何元素拟合等功能于一体的工业测量系统,在汽车、航空航天和精密机械领域得到了广泛应用。

(1)基于 CAD 的检测:激光跟踪仪可实现壁板表面的检测和验证。同时激光跟踪仪的测量软件可与市面上 CAD 软件进行双向数据传输,实时显示实际值和理论值的偏差,从而完成表面区域的评定。

(2)大尺寸部件测量:激光跟踪仪具有很大测量范围,大型物体(比如飞机)和小型物体都可以实现精度达到微米级的精密测量。通过手持式反射镜,操作人员可以对被测物体进行自由采点检测,同时得到实际值与理论值之间偏差的实时反馈。

(3)T-Probe 激光跟踪仪检测车身。

激光跟踪仪以其方便、快捷、精度高的特点在工程中取得了显著效益,但也有其自身的不足:

(1)系统误差:激光跟踪仪系统误差(设备误差)主要有两方面:激光干涉仪测量误差和角编码器测量误差。激光干涉仪分辨率为 0.001 26 mm,角编码器分辨率为0.14″。理论上,在不超过 10 m 测量范围内,激光跟踪仪系统误差不超过 0.01 mm。但随着测量距离增大,系统误差也将增大。

(2)靶标及附件的制造误差:靶标及附件的制造误差也是影响系统误差的一个原因。计算机程序的取整也会给测量结果带来极其微小的误差。

(3)环境因素:温度、气压、气流的波动、空气污染将影响光线的传播,导致测量误差的增大;地板的稳固程度、振动、设备用电电流的稳定性不但会造成测量误差的增大,甚至会造成仪器的损坏。

(4)操作人员因素:操作人员手持靶标测量时,靶标的运行速度和加速度对测量精度将产生影响,速度过快会使光束折断。

上述各种数据获取的手段各具有其优缺点,分别适用于不同的场合,在实际使用中可根据应用的领域,对测量精度、速度的要求以及被测对象的特性加以选择。此外,各种数字化方法和传感器的集成可以充分发挥不同传感器的优势,扩大测量对象和反求工程的应用范围,提高测量效率并保证测量精度,这已成为国内外学者的研究重点。

(二)数据预处理

在实际的测量过程中,不能完整、精确地获得实物样件的几何信息将影响CAD模型重建的质量。被测曲面的数据点因其制造的不准确如孔洞、孤岛或毛刺等而导致测量系统无法获取完整的表面数据;无论采用接触测头或激光非接触测头都会产生噪声和采集数据信息不完整。一般说来,测量数据点越多,拟合的模型越精确。但是大量数据点对实际的CAD/CAM软件是一个严重问题。因此需要合理的算法在保证不影响重建精度的前提下提取最少的数据点。基本原则是曲率大的地方测量点多一些,均匀或光滑的区域数据点少一些。曲面重建的目的是通过测量点数据重建曲面数学模型。曲面重建的算法和方法很多,大部分采用 B-Spline, Bezier 和 Cubic-Spline。在测量过程中不可避免地产生测量噪声而影响自由曲面重建的质量,同时大量的冗余测量数据点不仅使自由曲面的重建时间加长,而且应用 CAD/CAM 商业软件时也会引起许多问题。因此对大规模测点数据进行预处理是自由曲面逆向工程的关键环节,其处理结果将直接影响自由曲面模型重建的质量和生成产品的质量。对处理好的数据点进行误差修正也是保证自由曲面重建质量的关键。由于测量装置和测头本身的测量原理限制,不可避免地存在测量误差,对造成误差的因素进行分析,并提出合适的补偿措施,也是目前逆向工程中研究如何提高逆向工程精度与应用范围的重要研究课题。因此数据预处理主要包括以下几个方面的工作:

(1)数据对齐与拼接。

(2)数据点的噪声滤波与光顺。

（3）数据分割。

（4）数据点的压缩。

（5）数据点的误差修正。

（三）曲面重构

根据曲面的数据采集信息来恢复原始曲面的几何模型,称为曲面重构。根据曲面重构方法的不同,分为基于点-样条的曲面重构方法和基于测量点的曲面重构方法。基于测量点的曲面重构方法通常采用曲面拟合的方法,曲面拟合包括曲面插值与曲面逼近。前者为构造一个曲面顺序通过一组有序的数据点集;后者为构造一个曲面使之在某种意义下最为接近给定的数据点集。基于测量点的曲面重构方法可以分为基于四边域的参数曲面重构、基于三边域的曲面重构、基于多面体的曲面重构等三种。

1. 基于四边域的参数曲面重构

四边域参数曲面也称为矩形域参数曲面,此种方法适用于汽车、飞机、轮船等曲面零件。这类曲面的拟合对型值数据有较严格的要求,一是要求以张量积形式分布;二是型值数据变化不能太剧烈,否则曲面的光顺性得不到满足。

2. 基于三边域的曲面重构

三边域曲面也称为三角曲面,此种方法最适合表现无规则复杂型面的物体,特别是人面、地貌等自然物体以及玩具等产品。三边域 Bezier 曲面拟合技术可以弥补矩形域曲面拟合散乱数据和不规则曲面的不足。三边域 Bezier 曲面拟合是以三角 Bezier 曲面为理论基础的,它具有构造灵活、适应性好的特点,因而在数据为散乱点类的曲面拟合中能有效应用。

3. 基于多面体的曲面重构

对于散乱点类的数据,还可以采用基于多面体的曲面重构方法,该法分为3个主要步骤:

(1)初始曲面估计。

(2)网格优化。

(3)分段光滑曲面片。

(四)曲面评价

对于 CAD 模型已知的自由曲面形状误差的评估,目前主要采取最小二乘方法,使得所有测点的形状误差的和 F 最小。该方法能有效地排除系统定位误差的影响,保证自由曲面形状误差评定的结果可靠。

5.2.2 壁板数字化检测系统方案

由于检测对象为飞机机翼壁板,本节以新支线飞机壁板为例来说明检测系统方案。

(一)检测对象的特点

现代飞机机翼固定翼面是由多种不同的壁板拼接而成,其示意图如图5.11所示,这多种不同的壁板分别单独进行加工,而后铆接装配成机翼。壁板材料为铝合金,不同的壁板具有不同的形状和尺寸,各不同壁板的拼接处均为直边。这些壁板的曲面形状是采用喷丸成形工艺加工而成。

壁板整个表面的曲面形状为复杂的双曲面,纵向扭曲弯折。各个不同的壁板分别为双曲面的不同部分,尺寸范围分布为:长 7～13 m,宽 0.5～2.2 m,弧高 50～400 mm,厚度 3～10 mm,曲率半径 4～10 m。

图 5.12 所示为壁板中比较典型的编号为 015 和 018 的壁板理论三维数

据重构图,这两种壁板也是机翼壁板中的主框架壁板,为该系统主要的检测对象,图 5.13 所示为编号为 015 壁板的实物图。

其中图 5.12(a)和图 5.12(b)为编号为 015 的壁板两个不同视图,由图可以看出该壁板长约 12 m,最大宽度约 1 200 mm,最大弧高约为 200 mm。其中图 5.12(c)和图 5.12(d)为编号为 018 壁板两个不同视图,由图可以看出该壁板长约 13 m,最大宽度约 2 200 mm,最大弧高约 300 mm。

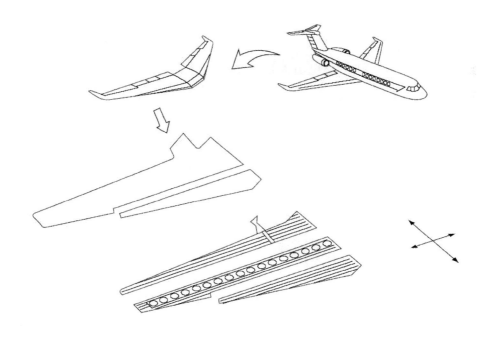

图 5.11　新支线飞机机翼壁板分块示意图

壁板曲面形状的控制主要是通过肋线进行的,因此,拟设计的测量系统对壁板的测量是对壁板上 24 条肋线进行测量,壁板肋线如图 5.12(b)和图 5.12(d)中壁板的横向线。

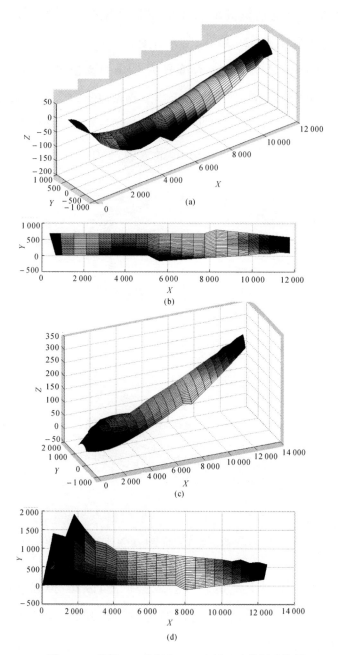

图 5.12　编号 015 壁板和 018 壁板理论数据重构图

(a)015 壁板三维重构视图；(b)015 壁板重构主视图；(c)018 壁板三维重构视图；(d)018 壁板重构主视图

图 5.13　编号为 015 的壁板实物图

(二)四种大型曲面测量方法

目前国内外在大型曲面测量中采用的方法有：

1. 类似玻壳的检测方法

这种方法检测效率高,但比较适合小型曲面的检测。对于机翼壁板这种大型曲面的检测,如何对测头进行设置,使其在曲面曲率大的位置多设置一些测头,在曲率小的位置少设置一些测头,即要实现测头的自适应设置,显然,实现起来比较困难。同时,对于不同壁板进行检测时,需要同时调整测头的数目和位置,柔性较差。

2. 采用大型龙门式测量机

大型龙门式测量机能够完成对大型自由曲面的测量。龙门式结构便于壁板安装、检测和观察,同时龙门式结构实现了运动部件惯性最小,保持了结构的最大刚性。

目前,大型龙门式测量机虽具有较高的测量精度,但由于多采用接触式测量,测量效率比较低。由于本次对机翼壁板的检测精度为 0.5 mm,显然要实现机翼壁板的快速数字化检测,该方法也是不合适的。

3. 采用激光跟踪仪

激光跟踪仪是近十年才发展起来的新型测量仪,图 5.14 所示为激光跟踪仪示意图,特别适合于不便于移动的大型壁板的空间三维几何尺寸的精密测量。

图 5.14　激光跟踪仪示意图

温度、气压、气流的波动、空气污染将影响光线的传播,导致测量误差的增大;地板的稳固程度、振动、设备用电电流的稳定性不但会造成测量误差的增大,甚至会造成仪器的损坏。激光跟踪仪对环境因素要求很高,由于工厂车间环境较差,同时壁板喷丸加工现场的粉尘很大,这些都会影响激光跟踪仪的正常使用。此外,操作人员手持靶标测量时,靶标的运行速度和加速度对测量精度将产生影响,速度过快会使光束折断,测量误差的大小也受操作人员的影响。显然,采用激光跟踪仪实现对壁板的快速检测也是不合适的。

4.原位测量方法

　　壁板喷丸成形原位在线测量系统是采用三坐标测量机与加工设备协调运动原理来实现大型曲面在线测量。原位系统测量示意图如图 5.15 所示,壁板喷丸成形在线测量系统就是在喷丸成形加工设备的基础上,进行在线测量的扩充。测量系统的主体是安装在喷丸加工现场的悬臂式 CNC 三坐标测量机;利用喷丸机的壁板装夹装置——移动滑架——作为测量系统的壁板装夹和移动工具,并增加了滑架导向和定位装置;可以精确记录滑架移动距离的辅助轴 X',并在软件中设计了专门的坐标转换模块,完成三坐标测量机与喷丸机协调联动和坐标系的统一。

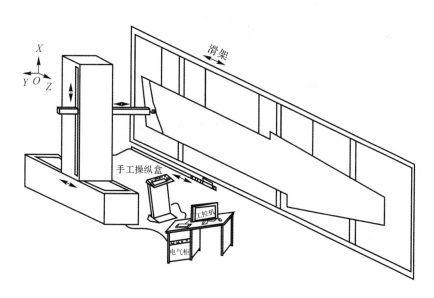

图 5.15　壁板喷丸成形在线测量系统示意图

壁板喷丸成形在线测量系统在壁板完成喷丸加工以后,对壁板进行测量。在壁板喷丸成形后,不用装卸壁板,直接进入测量系统进行测量。当测量位置在测量机的测量范围内,利用测量机的运动去完成其测量;如果超出测量范围,通过移动喷丸机的移动滑架,将测量位置移到测量机的测量范围内,通过辅助轴记录滑架移动的距离,对壁板坐标系做相应的转换,再进行测量;如此反复,完成整个壁板曲面的测量。原位测量系统测量主机实物图如图 5.16 所示。

图 5.16　原位测量系统测量主机实物图

原位测量系统实现了壁板的数字化测量,但由于原位测量系统采用接触式扫描方法,扫描速度较慢,对不同肋线位置进行检测时,需要通过移动滑架使测量位置移动到测量机的测量范围内,无法实现各条肋线的同时测量,检测效率低。同时经喷丸加工的飞机机翼壁板上会留下大小不等的弹坑,测头在测量这些位置时很容易出现偏差。

综上所述,上述几种检测方法虽均可实现大型曲面的检测,但也都存在着各自的缺点,表 5.1 列出了上述几种检测方法的主要优缺点。

表 5.1　大型曲面检测方法的比较

检测方法	优　点	缺　点
类似玻壳的检测方法	检测效率高	实现测头的自适应设置比较困难,对于不同壁板进行检测时,需要同时调整测头的数目和位置,柔性较差
大型龙门式测量机	检测精度较高	检测效率比较低
激光跟踪仪	检测速度快	对环境要求比较高,且价格较贵
原位测量方法	在线测量,测量范围大	检测效率比较低

因此,要实现对不同机翼壁板的快速数字化检测,上述几种方案均不太合适。

(三)壁板数字化检测方案及实现过程

在机翼壁板的各个肋位处设置非接触扫描机构,实现各个肋位的同时测量,然后将不同肋位测量的数据整合到统一坐标系下,实现整体数据的统一坐标系统的归一化处理,最后通过对测量数据进行曲线曲面重构,与标准数据模型进行比较,从而实现对壁板的数字化检测。方案总体设计思路如图 5.17 所示。

具体设计方案为:依据壁板中宽度最大的壁板设置两平行导轨(X 方向),然后根据机翼壁板中肋线最多的方位设置 Y 向导轨,保证每个肋位处均有一个 Y 向导轨,通过这个整体坐标系的建立,从而将不同肋位处的扫描机构整合到统一的坐标系下。在壁板的检测过程中,首先要对机翼壁板进行支撑定位。由于机翼壁板的结构尺寸较大,为了减小因自重而引起的变形,同时考虑到支撑的通用性,采用可移动的支撑梁。目前,大型自由曲面可以采用柔性支撑阵列来实现对它的支撑,通过计算机控制来动态生成所需的支承曲面,从而可大幅度提高制造柔性。基于该思路,同时结合实际,提出采用可移动的支撑梁来实现对壁板的支撑。图 5.18 所示为壁板的支撑梁部分。

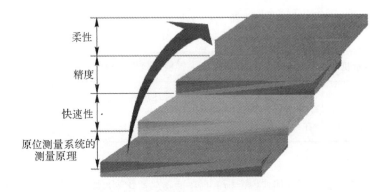

图 5.17 方案总体设计思路

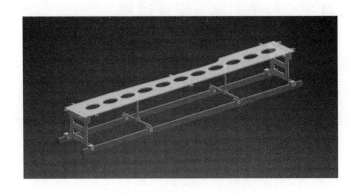

图 5.18 壁板支撑部分

通过调整各个支撑梁的位置,寻找各个支撑梁的最佳支撑点,从而减小因壁板自重而引起的最大变形量。

在壁板的加工过程中,为了后续便于对壁板进行检测,往往在壁板边缘加工出一些定位孔,通过在定位孔处设置定位梁,实现对机翼壁板的粗定位。图5.19 所示为壁板的定位孔部分。同时,考虑到定位的通用性,定位梁部分也具有移动位置的可编程性,以适应不同壁板的粗定位。图 5.20 所示为系统的定位梁部分。

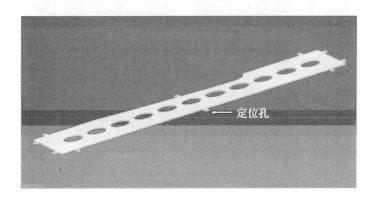

图 5.19　壁板定位孔

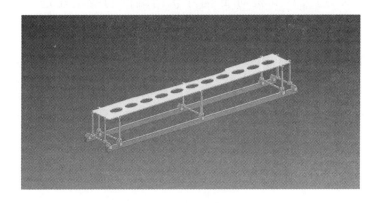

图 5.20　壁板定位部分

在每个 Y 向导轨两端设置两个肋位基座,肋位基座能够沿 X 方向的导轨滑动,并且具有移动位置的可编程性,其中上端肋位基座与 Y 向导轨采用铰链连接,允许 Y 向导轨在移动过程中转过一定的角度;在下端肋位基座附近的 Y 向导轨上设置一个滑块机构,保证滑块机构能够沿着 Y 向导轨进行移动,同时在每个滑块机构上安装一个非接触扫描机构,来完成对各个肋线位置的扫描。检测系统的总体结构图如图 5.21 所示。

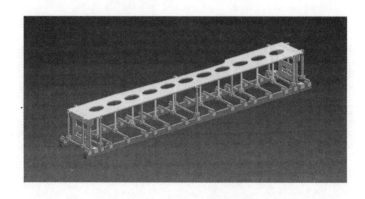

图 5.21　检测系统总体结构示意图

进行检测时,通过计算机对 Y 向导轨两端的肋线基座进行位置微调,从而使得每个 Y 向导轨开始移动,直到每个肋线处的 Y 向导轨方向与各个肋线方向一致。在检测过程中,滑块机构在 Y 向导轨上沿起点和终点的连线做插补的直线运动,同时,Z 轴方向上的激光测头沿肋线位置对壁板表面进行扫描运动,间隔一定距离读取三轴光栅数据和测头数据,并对数据进行运算和存储。

由于各个肋线基座以及支撑梁和定位梁部分都具有移动位置的可编程性,因此,对于不同机型壁板的检测,可以通过计算机控制各个肋位基座以及支撑梁的移动位置,从而使得本检测系统的柔性大大增强,满足了对不同机型壁板测量的要求。

下面以编号为 015 壁板为例，对该检测系统在标准数据测量模式下测量的各个环节加以叙述。

1. 测量前准备

在标准数据模式下，该检测系统对壁板的测量的第一步是从壁板的 CAD 模型中提取系统测量过程中所需的理论数据，由壁板的 CAD 设计工具 CATIA 系统来完成。由提取的理论数据进行测量路径文件和数据比对标准数据文件制作，并导入测量系统，这是测量前必须的准备工作。

(1)在壁板的 CAD 模型上建立理论的坐标系。

(2)提取基准点。在测量过程中建立壁板坐标系用到的基准点是第一条肋线的起点、终点和最后一条肋线的终点。

(3)提取用于确定测量机测量路径的数据，制作测量路径文件。在本检测系统中，对壁板测量是通过壁板上的 24 条肋线的测量和壁板局部曲面的测量和评价来实现的，肋线为一条在系统壁板坐标系 XOY 面上投影为直线的二维曲线。对局部曲面的测量也是通过一定间隔的二维曲线的测量实现的。本系统将对曲面的测量归结为对二维曲线的测量。

对测量路径的规划也就是测量机对一定位置的二维曲线进行测量的路径进行规划，本系统对这些二维线进行测量的路径是通过线的起点和终点进行控制的。滑块机构沿 Y 轴起点和终点的连线做插补直线运动，同时，Z 轴方向上的激光测头沿肋线位置对壁板表面进行扫描运动，同时间隔一定距离读取三轴光栅数据和测头数据，并对数据进行运算和存储。

综上所述，系统用于确定测量机测量路径的数据为线的起点、终点以及取样间隔的距离。从 CAD 模型中提取出线的起点和终点三个坐标值，并根据需要设定取样步长，并对每条线设置在人机交互中用于辨识线的编号，将这些信息编辑成格式为"＊.std"标准数据文件,在测量开始时导入测量系统。

图 5.22 为系统导入测量路径数据文件设计的软件界面。

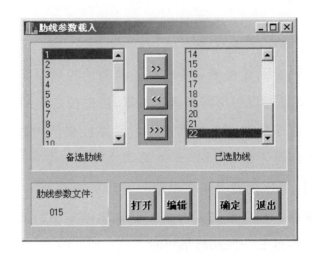

图 5.22　测量路径数据导入界面

(4)提取用于数据比对的标准数据,制作标准比对数据文件。标准数据测量模式下,壁板的 CAD 模型除了能够向测量系统提供(3)中的测量路径文件,而且还能够向测量系统提供用于数据比对的标准数据文件。

从壁板的 CAD 模型上提取的用于比对的标准数据包括线标准数据和面比对数据,都是以离散点形式给出的。在 CAD 模型上,在待测量的线上以一定的间隔取模型上的点的三个坐标值和在该点处的三个法矢量的值。将线的条数、线上的点的个数,点的坐标和法矢量编辑成格式为"＊.dat"的标准比对数据文件。

线的条数为 1 时,为线的标准比对数据,线的条数大于 1 时,为面的标准比对数据。

2. 标准数据测量模式下的检测

在完成了上述工作后,系统便可以对各个肋位进行检测。测量系统对壁板肋线的具体测量过程如图 5.23 所示。

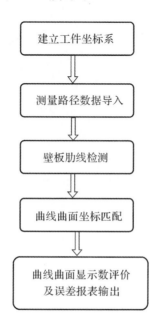

图 5.23　测量系统对肋线检测过程示意图

(1)建立壁板坐标系:利用扫描测头获取建立壁板坐标系的几何要素,以先建立中间坐标系,获取建立基准面的几何要素后再建立最终坐标系的办法,建立壁板测量的壁板坐标系。

扫描测头系统获取几何要素的软件界面如图 5.24 所示。

(2)壁板测量:建立壁板坐标系之后,进入壁板测量的软件窗体,壁板测量的软件界面如图 5.25 所示。进行测量的第一步便是测量路径数据的导入,可以将所有肋线的数据同时导入,对局部曲面的测量也是通过一定间隔的二维曲线的测量实现的,成矩形网格状分布,它的测量路径文件形式和肋线相同,测量方式也相同。

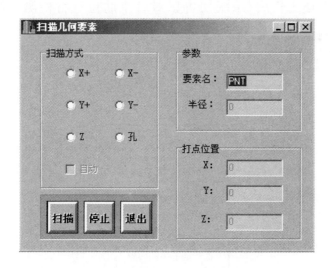

图 5.24   扫描测头系统获取几何要素

图 5.25   机翼壁板检测主界面

（3）坐标匹配与评价。测量完成后，在对曲线和曲面进行评价前，要对测量数据和理论数据之间进行预处理——坐标匹配，以消除因基准不重合带来的系统误差，具体的坐标匹配的算法在后面软件部分给出详细介绍。

坐标匹配过程的完成，由图 5.26 所示的软件界面完成，包括对曲线的坐标匹配和对曲面的坐标匹配。

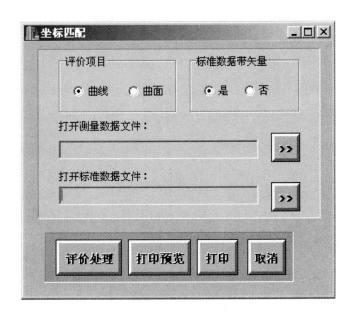

图 5.26　坐标匹配界面

分别打开测量数据文件和标准数据文件，选择评价项目以及标准数据是否带矢量的匹配方式，进行评价处理。图 5.27 所示为曲线评价与显示界面。图 5.28 所示为曲线检测结果报表。报表中的 MX，MY，MZ 分别为测量曲面经旋转平移以后的三个坐标值，SZ 为点（MX，MY，MZ）在标准曲面上对应的 Z 值，ERROR 为测量在点（MX，MY，MZ）处 Z 值的误差（ERROR＝SZ－MZ），以 V1—1 表示纵向第一条线的第一个测量点。

图 5.27 曲线评价与显示界面

检测结果报表

页码：1　　日期：2006-6-2

序号	MX	MY	MZ	SZ	ERROR
V1-1	-354.5194	198.3294	-12.4603	0.0000	0.0000
V1-2	-354.4075	148.3359	-11.3247	0.0000	0.0000
V1-3	-354.2957	98.3424	-10.3794	0.0000	0.0000
V1-4	-354.1837	48.3489	-9.1872	0.0000	0.0000
V1-5	-354.0719	-1.6446	-8.1223	0.0000	0.0000
V1-6	0.0000	0.0000	0.0000	0.0000	0.0000
V1-7	0.0000	0.0000	0.0000	0.0000	0.0000
V1-8	0.0000	0.0000	0.0000	0.0000	0.0000
V1-9	0.0000	0.0000	0.0000	0.0000	0.0000
V1-10	-353.5139	-251.6100	-7.5560	0.0000	0.0000
V1-11	-353.4026	-301.6028	-8.3377	0.0000	0.0000
V1-12	-353.2913	-351.5954	-9.3788	0.0000	0.0000
V1-13	-353.1802	-401.5878	-10.9154	0.0000	0.0000
V2-1	-254.5207	198.5198	-16.1201	-16.1653	-0.0452
V2-2	-254.4035	148.5153	-15.0043	-15.0620	-0.0577
V2-3	-254.2865	98.5110	-14.2065	-14.2286	-0.0221
V2-4	-254.1694	48.5065	-13.2113	-13.2145	-0.0032
V2-5	-254.0524	-1.4978	-12.4140	-12.4095	0.0045
V2-6	0.0000	0.0000	0.0000	0.0000	0.0000
V2-7	0.0000	0.0000	0.0000	0.0000	0.0000
V2-8	0.0000	0.0000	0.0000	0.0000	0.0000
V2-9	0.0000	0.0000	0.0000	0.0000	0.0000
V2-10	-253.4685	-251.5179	-12.7016	-12.6288	0.0728
V2-11	-253.3619	-301.5216	-13.5428	-13.4259	0.1169
V2-12	-253.2355	-351.5252	-14.5936	-14.5104	0.0832

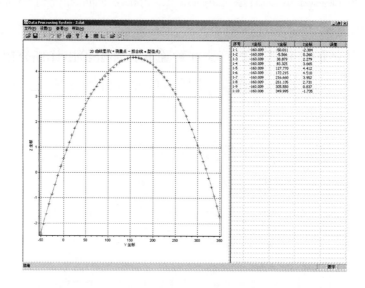

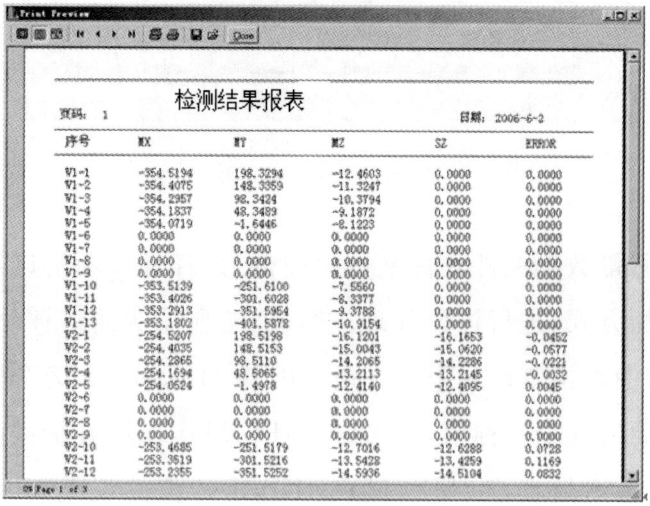

图 5.28 检测结果报表

对曲面的测量先是通过一定间隔的二维曲线的测量,再将这些曲线数据重构成曲面进行评价。图 5.29 所示为曲面坐标匹配界面,图 5.30 所示为曲面测量数据三维显示,图 5.31 所示为测量曲面与标准曲面的误差显示。

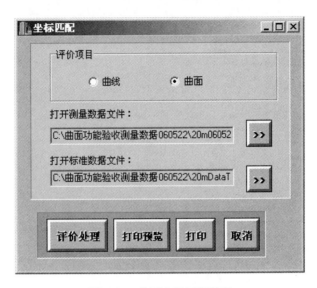

图 5.29　曲面坐标匹配界面

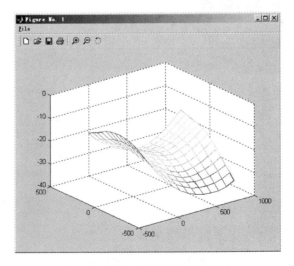

图 5.30　曲面测量数据三维显示

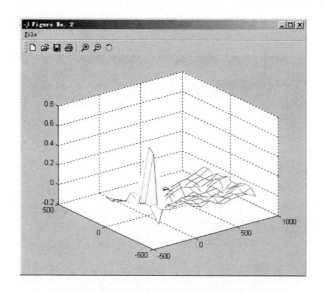

图 5.31　测量曲面与标准曲面的误差显示

5.2.3　方案实现中的难点

为了保证壁板的检测精度,在方案的实施过程中还应重点考虑下述问题:

(一)有关机翼壁板的支撑问题

在本方案中,要对壁板进行离线检测,先要对壁板设置支撑,同时,壁板支撑位置具有可调性,以适应不同壁板的支撑,在设置支撑时应考虑以下问题:

(1)各个不同壁板分别为双曲面的不同部分,尺寸范围为长 7～13 m,宽 0.5～2.2 m。由于壁板结构尺寸较大,应合理设置支撑点使得壁板在自重作用下引起的变形量最小,从而减小检测误差。

(2)支撑点的设置不应与检测过程中扫描机构的运动产生干涉。

基于上述两点考虑,同时参考机翼壁板的设计结构,应在靠近翼根边缘和靠近后梁边缘的两端设置支撑,对于壁板中间部分的支撑,可以考虑每隔 2～3 个肋位设置一个支撑。此外,为了确定壁板中间部分支撑点的精确位置,采用以下方法:通过调整壁板中间部分各个支撑点的位置,对不同支撑位置处的壁板进行有限元分析,从而得出壁板在不同支撑位置处由于自重而引起的变形量,根据最小变形量,最终确定壁板中间部分各支撑点的准确位置。

(二)有关机翼壁板的定位问题

在基于 CAD 模型的复杂曲面加工精度检测过程中,受到检测设备的限制,壁板常常要离线检测。因此,实现测量数据与模型曲面之间的定位问题就成为进行检测评价的前提。在检测过程中,检测点和检测路径的生成都是依据壁板的设计坐标系进行的。由于壁板本身存在加工误差,最终导致得到的测量坐标与设计坐标之间存在误差,即壁板的定位误差,定位误差的存在使实际接触点和理论接触点不同。因此,建立壁板坐标系时,应尽可能与理论模型上的坐标系一致。

机翼壁板的成形是采用喷丸加工技术,壁板曲面上的所有点线面都是加工点,在加工过程中都发生改变。在检测过程中,很难找到与壁板模型上完全重合的壁板坐标系。系统对测量位置的找正主要指的是对肋线位置的找正。

本方案采用定位梁对壁板进行粗定位,建立与 CAD 模型上理论坐标系近似的壁板坐标系,在一定误差范围内保证测量找正,并在完成测量后,通过最小二乘方法,对实际测量数据与壁板 CAD 模型的理论数据点进行优化匹配,使二者获得最大限度的重合,从而可以精确定位壁板在测量坐标系中的位置。

(三)有关曲面重构与评价

对曲面的测量也是通过一定间隔的二维曲线的测量,最后将这些曲线数据重构成曲面进行评价。

本方案实现了壁板各条肋线处的同时扫描。但是如果直接对这些数据进行曲面重构,往往会由于数据量太大而导致曲面重构效率低。因此,需要对大量数据进行合理的预处理,并采用合理的重构算法减小计算量,从而实现大量扫描数据的曲面重构。

5.3 数字化检测系统的实现

5.3.1 检测系统硬件部分

本系统由机械、测量、控制、数据处理等部分组成。机械系统部分由肋线基座、滑块机构、导轨、支撑梁等组成,测量系统由光栅、非接触扫描机构组成;控制系统由伺服电机、驱动器、速度调节器、运动控制器等构成。

(1)导轨部分采用不锈钢直线导轨,X 轴和 Y 轴部分惯性较大,采用精密滚珠丝杠进行传动;Z 轴惯性不大,采用的是齿形带传动。

(2)控制系统是检测系统的关键组成部分之一,其主要功能是:控制机械系统实现所必需的运动,实时监控检测系统的状态以保障整个系统的安全性和可靠性。

方案中采用分布式控制结构,即在每个肋线处都有一个相应的控制模块,来控制肋线处基座和滑块机构的移动以及扫描机构的运动,然后将各个控制模块通过总线与主 CPU 相连,主 CPU 完成对各个肋线位置处测头信号的处理,对整个检测系统进行实时监控以保障整个系统的安全性和可靠性。

由于各个肋线处的控制模块完全相同,下面只给出一个肋线处的控制结构图。如图 5.32 所示。

为了保证运动控制精度,拟采用以 DSP 为核心的多轴运动控制系统,实现每个轴的运动控制。这种控制系统是当今公认的先进控制模式,DSP 高速的硬件运算处理,I/O 的直接控制,使运动实时性好,运动精度高。它通过双端口 RAM 与主 CPU 进行数据交换,速度快,它直接输出标准的控制电压。

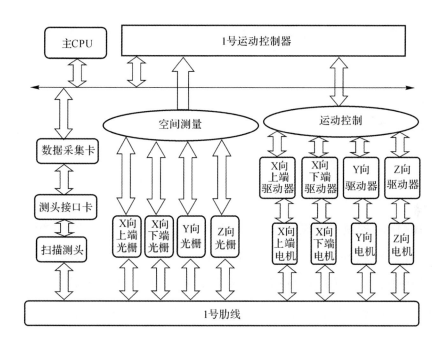

图 5.32　1 号肋线处控制结构图

X 轴、Y 轴的单轴伺服控制系统结构如图 5.33 所示,其工作原理是:位置信号(光栅信号)经过细分、整形后送入运动控制卡计数器,从而获得实际的空间坐标值。DSP 将实际的坐标值和设定的坐标值进行比较(设定的坐标值由插补计算得出),得到位置误差,DSP 将位置误差代入 PID 伺服控制公式,计算出控制电压,MEI 控制器通过模拟通道将控制电压送到伺服驱动器,由伺服驱动器控制电机运转,从而形成外部位置环。速度调节环由伺服驱动器内部接收电机编码器信号进行速度误差补偿控制电机运转实现内部速度环,这样就形成了本系统的双环控制模式。

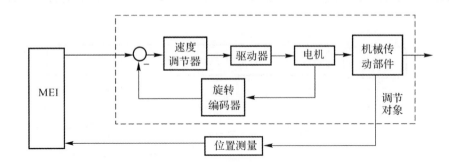

图 5.33 X、Y 轴单轴伺服控制系统结构图

Z 轴的伺服控制系统除了具有上述 X 轴、Y 轴的双环控制系统外,还增加了对测头控制的随动环节(其结构图见图 5.34)。其工作原理是:将激光测头在扫描过程中采集到的模拟信号经 A/D 数据采集卡转换为脉冲信号,送入工控机,通过和控制软件的预设值进行比较,将得到的偏差值代入到控制软件的伺服控制公式中,得到速度控制脉冲,送入 MEI 卡进行下一步的控制,接下来的控制过程与 X 轴、Y 轴的相同。

加入速度与位置调节是为了改善伺服系统的静态与动态特性,以满足下列要求:

1)在保证闭环系统稳定的前提下,尽可能提高开环增益,以减小系统的静态误差。

2)组成系统的各个环节的相位滞后尽可能小,以利于闭环系统的稳定。

3)系统频带尽可能宽,以获得快速响应,使输出量不失真地跟踪输入量的变化(在增宽频带时应与机械系统的频带统一考虑,过宽的频带容易引起振荡)。

4)对外界环境具有很强的抑制能力。

5)对负载的变动有较强的适应能力。

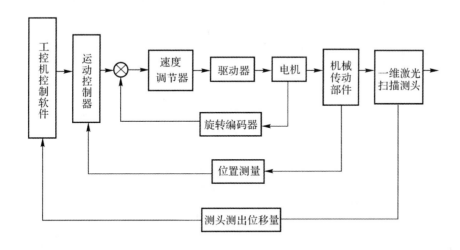

图 5.34　*Z* 轴伺服控制系统结构图

(3)计算机数据采集与控制接口:对光栅、测量传感器的信号进行逻辑与时序处理,实时数据采样,通过采样接口,输入到计算机中。

各种传感器的输出量均为模拟量(一般为电压或电流信号),而作为微机测试系统核心的微型计算机只能接收数字量。因此,在把被测参数送到计算机之前,必须进行模拟量到数字量的转换(简称模数转换,或 A/D 转换)。同样,当把微型计算机处理后的数字输出量,用于控制执行机构时,必须进行数/模转换(D/A 转换),因为大多数的动作执行机构,如电动执行机构和气动执行机构等,只能接收模拟量。

(4)测量系统中,长度测量采用封闭式光栅,它有很高的空间分辨率,工作可靠,在数控系统与测量设备中广泛地应用。

5.3.2　检测系统软件部分

该检测系统软件系统结构如图 5.35 所示,该检测系统软件部分的主要功能包括运动控制、系统误差补偿、坐标系统、数据库管理、基本要素测量与评价等模块,鉴于本系统特殊需要增加了几何要素提取、曲面设计数据导入、检测过程控制、测绘模式下标准数据生成、曲线曲面评价等模块。

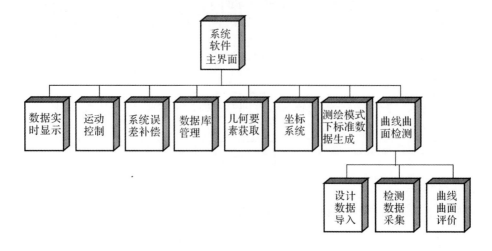

图 5.35　软件系统结构图

各主要软件模块的具体功能如下：

(一)测量功能

按设定的空间采样基准,对 X,Y,Z 方向的线位移等参数进行实时数据采样,对测量信号进行空间变换、动态显示与存储。

(二)曲线曲面评价

1. 数据预处理

通常通过激光扫描测量装置得到的测量点数据数目相当庞大,并且获得数据由于受测量设备的精度、被测实物表面质量等诸多因素的影响,不可避免地会引入数据误差,即含有噪声数据。因此,对测量点云数据进行预处理是实现自由曲面检测和评价的关键环节,其处理结果将直接影响自由曲面匹配的精度。为了保证后续工作的精度,需要通过适当的算法,对测量数据进行去噪、平滑、压缩等预处理工作,目的是获得完整、正确的测量数据。本方案中数据预处理主要为数据点的噪声滤波、平滑以及重采样。

将经过预处理的测量数据进行数据合成,并完成曲面重构与评价。同时,按要求给出被测截面的误差曲线,并对数据处理的结果进行数据库的管理与操作。数据处理有特征点比较模式,曲线拟合与轮廓度评价模式和网格曲面评价模式。

2. 特征点比较

特征点比较是在建立壁板坐标系后,对具有工艺与质量控制要求的特征点进行逐一的测量,然后将测量的结果与设计理论值进行比较,给出测量结果。

3. 曲线评价

曲线拟合与轮廓度评价模式,事先将设计理论值输入计算机。检测时,对壁板的截面进行连续的扫描,得到检测数据并进行曲线拟合,然后将检测与理论曲线按照整体误差最小的原则进行计算与误差分析,从而得到检测曲线的轮廓度误差与位置误差,并给出检测结果。对壁板的质量控制也主要是通过对壁板在肋线处误差控制来实现的。

本系统测得的肋线为二维曲线,系统对肋线进行评价时,先将其投影到壁板坐标系 YOZ 面(也可投影到 XOZ 面,视情况定)上,即分别取测量数据和标准数据的 (Y,Z) 坐标进行比对。将经过预处理的采样数据和从 CAD 模型提取的标准比对数据分别进行曲线拟合,对拟合曲线进行坐标匹配,消除由于坐标系不重合带来的系统误差,然后求出对应点处的 Z 向误差来。

在本系统对壁板进行测量的过程中,存在壁板本身的加工误差和装夹误差,会带来壁板理论模型上建立坐标系的基准与实测中建立壁板坐标系的基准不重合,虽然本方案前面通过建立与 CAD 模型理论坐标系近似的壁板坐标系,在一定误差范围内保证测量找正,但壁板坐标系和理论坐标系之间仍然存在偏差,这样就在测量结果中增加了一个系统误差,本方案采取坐标匹配的方法来消除这个误差。坐标匹配的结果是使得理论曲线与测量曲线间的误差最小。

针对测量系统测得二维曲线,本方案采用的坐标匹配方法是:采用以旋转角度为参数,以与理论曲线对应点的法矢量夹角最小为目标,对测量曲线作优化处理;用优化得到的最佳旋转角度将测量曲线旋转,使得其尽可能与理论曲线"平行";再以平移距离为参数,旋转后曲线与理论曲线的标准偏差作为目标函数,进行优化处理;用得到的最佳移动距离作平移,得到匹配结果。

对曲线进行坐标匹配的具体算法如下:

(1)曲线的粗匹配:在对曲线进行坐标匹配时,如果测量曲线的位置和方向与理论曲线差别较大,用于比对的对应点选取和搜索范围的选取会存在较大的困难,因此,在精确的匹配前,先利用曲线上的某一个特征点之间的关系进行粗匹配。

(2)曲线坐标匹配的精确旋转过程:对曲线进行粗匹配后,进入精确旋转过程,如图 5.36 所示,首先进行旋转角度的优化处理,然后用优化得到的最佳旋转角度对曲线进行旋转。

(3)曲线坐标匹配的平移过程:在旋转到两曲线"平行"后,接下来进行曲线移动,如图 5.37 所示,首先对移动距离进行优化处理,然后以优化得到的最佳旋转距离对测量曲线进行移动。

在实际的应用中,坐标匹配的过程很好地消除了基准不重合带来的系统误差,并且不会改变测量曲线的形状。

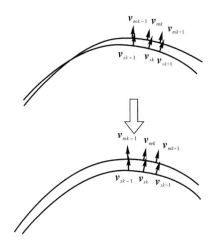

图 5.36　曲线坐标匹配的旋转过程示意图

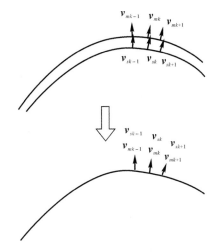

图 5.37　曲线坐标匹配的平移过程示意图

经过坐标匹配后,就可以得到理论曲线与测量曲线之间的误差。图 5.38
和图5.39分别为坐标匹配前后的理论曲线与测量曲线示意图。显然可以看
出,通过坐标匹配,减小了理论曲线与测量曲线之间的误差,提高了检测的

精度。

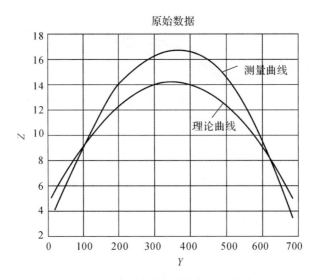

图 5.38　匹配前测量曲线与理论曲线

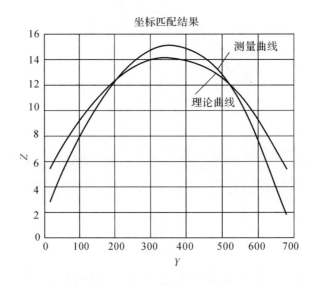

图 5.39　匹配后测量曲线与理论曲线

4. 曲面评价

本系统对壁板曲面的检测是通过对壁板的局部曲面的检测来实现的,对局部曲面的检测是通过一定间隔的二维曲线的测量,最后将这些曲线数据重构成网格曲面进行评价。评价的过程与曲线评价的过程类似,首先是对测量数据进行坐标匹配,然后给出评价结果。

目前,在三维空间中将实际型面和设计型面进行拟合时,往往使其满足每个测量点到设计型面的距离的平方和达到最小。为此,构造下述目标函数:

$$F = \sum_{i=1}^{n} \sum_{j=1}^{m} |\boldsymbol{P}_{ij}\boldsymbol{T} - \boldsymbol{Q}_{ij}|^{2}, \quad i = 1, 2, \cdots, n; \quad j = 1, 2, \cdots, m$$

$$(5.1)$$

式中　$\boldsymbol{P}_{ij}$ —— 测量得到的一组测点坐标,采用齐次坐标为$[X_{ij} \quad Y_{ij} \quad Z_{ij} \quad 1]$;

　　　$\boldsymbol{Q}_{ij}$ —— 理论曲面上距实际测点距离最短的点;

　　　$\boldsymbol{T}$ —— 坐标变换矩阵,有

$$\boldsymbol{T} = \begin{bmatrix} l_1 & l_2 & l_3 & 0 \\ m_1 & m_2 & m_3 & 0 \\ n_1 & n_2 & n_3 & 0 \\ dx & dy & dz & 1 \end{bmatrix}$$

$$(5.2)$$

式中,l, m, n 可由公式计算得到。它需要求解两个问题,一是求坐标变换矩阵 $\boldsymbol{T}$,使测量坐标系与曲面的设计坐标系保持一致。其中包括求解测点 $\boldsymbol{P}_{ij}$ 分别沿 X, Y, Z 坐标的平移距离 dx, dy, dz 和绕 X, Y, Z 的旋转角度 α, β, γ 共 6 个未知变量;二是求 $\boldsymbol{P}_{ij}$ 在理论曲面上的投影。这两个问题均系非线性问题,必须通过迭代方法求解,对每一个要测量的不同的自由曲面轮廓都要基于其 CAD 模型编制一专门的计算程序,该计算程序通常包括对非线性方程的数值计算和曲面上某点处一阶偏导数的计算,对其他不同 CAD 模型的自由曲面并

不通用。

为了减小计算量,提高运算效率,本方案中对曲面进行坐标匹配时,采用类似曲线坐标匹配的方法:采用以旋转角度为参数,以与理论曲面对应点的法矢量夹角最小为目标,对测量曲面作优化处理;用优化得到的最佳旋转角度将测量曲面旋转,使得其尽可能与理论曲面"平行";再以平移距离为参数,旋转后曲面与理论曲面的标准偏差作为目标函数,进行优化处理;用得到的最佳移动距离作平移,得到匹配结果。实践证明,这种分别对旋转角度和平移距离作优化处理的坐标匹配方法,与传统的以旋转角度和平移距离同时作为参数,以理论数据与测量数据之间标准偏差作为目标函数,进行优化处理的匹配方法相比,成功地实现了坐标匹配的旋转和平移过程的分离,大大减小了计算量,从而提高了运算效率,而且降低了算法实现的难度,对曲线以及曲面的坐标匹配算法的设计和实现具有很好的指导意义。

5. 系统误差补偿

由于导轨,传动系统,传感器等都可能有误差,这部分的系统误差,可通过事先标定得出。同时将这些系统误差存入计算机中,在检测过程中通过软件进行补偿,从而使检测精度得到提高。

6. 与 CAD 系统的接口

为了生产高质量的零件和产品,制造业以 CAM—I 为蓝本制定了尺寸测量接口规范(DMIS),作为质量检测信息和尺寸测量的标准。它为 CAD 系统与坐标测量系统提供了双向数据交换的格式,为不同厂商 CAD 与坐标测量系统的连接提供了中性的、类似于 APT 语言的数据接口。一方面,可以在 CAD 系统上对 CAD 模型编制标准 DMIS 格式的检测程序,实现坐标测量系统的测量规划;另一方面,可以从坐标测量系统获取测量数据,转换成 DMIS 格式,在

CAD 平台上重建 CAD 模型,完成与标准数据模型的比对。

要把测量数据转换成 DMIS 格式的数据有两种方法。一种是将所有原始测量数据直接转换成 DMIS 格式中的样条线和样条面的形式,再在 CAD 中进行处理;另一种是以测量元素形式(如圆、圆柱等)转换成 DMIS 格式,再通过 CAD 处理,转换成造型文件。第一种方法,看似简单,但测量数据量大、繁琐,而且容易出错;第二种方法,因测量结果详细描述了被测壁板的几何特性,所以该方法更直接、准确。在本方案中,采用第二种方法来完成测量数据格式到设计数据格式的转换,实现以实体壁板为原型的逆向设计。

标准数据测量模式下,壁板的 CAD 模型除了能够向测量系统提供测量路径文件,而且还能够向测量系统提供用于数据比对的标准数据文件。通过测量数据与标准数据的比对,从而完成曲线与曲面的评价。

从 CAD 系统到检测系统的流程图如图 5.40 所示。

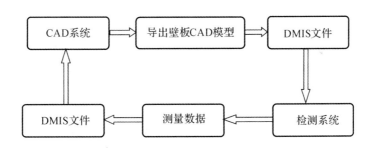

图 5.40　从 CAD 系统到检测系统的流程图

7. 数据库管理

对测量壁板的规格、精度、时间、测量与评价结果等数据存入数据库,并具有调用、显示、打印等功能。同时也可根据用户的特殊要求,将数据库信息导入到其他的数据库中。

5.3.3　系统评价

本方案可在满足一定检测精度条件下,实现不同机型壁板的快速数字化检测即在保证检测精度的条件下,实现检测的快速化和柔性化。检测系统可实现机翼壁板的数字化检测,同时,检测效率高,能够适应不同机型壁板的检测,为我国自主大批量制造机翼壁板奠定基础。

下面主要从四个方面对技术路线的可行性进行分析:

1. 机翼壁板支撑定位技术

由于机翼壁板的结构尺寸较大,为了减小因自重而引起的变形,同时考虑到支撑的通用性,采用可移动的支撑梁。通过调整各个支撑梁的位置,寻找各个支撑梁的最佳支撑点,从而减小因壁板自重而引起的最大变形量。

2. 机翼壁板数字化测量技术

本方案的提出是基于壁板喷丸成形在线原位测量的基本测量原理,同时考虑到检测的快速性和通用性,原位测量系统已经实现了对壁板的数字化检测。通过对壁板原位测量系统的研制开发,已经形成了一整套完整的检测方案,无论是从壁板的数字化检测技术,还是检测系统的软硬件组成设计都已经比较成熟,并且原方案对壁板测量过程中的一些难点问题提出了比较好的解决方法,而这些都为本方案的实现提供了重要参考依据。

3. 非接触快速测量技术

非接触测量以其速度高,无磨损,不需要进行测头误差补偿且特别适合于易碎易变形材料,在工程中得到广泛的应用。以激光三角形法为代表的非接触测量技术已经比较成熟,这为本方案实现快速测量提供了重要保障。

4. 检测精度保证

精度保证要求对测量系统进行监测,这主要是对测量系统光栅传感器的信号进行监测。若信号失常,表明基准已经丧失,测量系统的精度就不能保证,测量系统的测量值也就不可信。测量信号是伺服系统的最终位置环,测量信号的误差过大,反馈到控制系统将会造成伺服系统的不稳定。在本系统中,采用整流检波回路,将光电信号变为直流电压与设定的阈值进行比较。在检测过程中,监测回路打开。一旦整流检波回路的输出值低于设定阈值,比较器状态就会发生变化,向控制系统发送一个中断请求,CPU 转向错误处理程序,停止电机运动,发出报警信号,同时将错误状态回送给主计算机。

同时,系统采用全分布式控制结构,分布式控制技术由于采用并行处理的方法从而大大提高了控制系统的实时性。在本方案中,由于要对各个肋线同时扫描,因此在每个肋线处都有一个独立的控制模块,该控制模块通过总线与主 CPU 相连,并且每个控制模块中,都采用以 DSP 为核心的多轴运动控制器,使得运动控制实时性好,运动精度高。在每个独立的控制模块中,在 X 轴和 Y 轴的单轴伺服控制中,采用了双闭环控制模式,Z 轴的伺服控制系统除了具有 X,Y 轴的双闭环控制系统外,还增加了由激光测头测出位移量控制的随动环。通过这些方法,使得运动控制实时性强,运动控制精度高,从而保证了检测精度。

此外,由于采用了先建立与理论坐标系近似的壁板坐标系,然后通过对检测数据和理论数据进行坐标匹配的方法,消除由于理论坐标系和壁板坐标系不重合而带来的系统误差,从而保证了检测精度。

参 考 文 献

[1] Lloyd H，Chen Haolin. Laser peening-A processing tool to strength metals or alloys to improve fatigue lifetime and retard stress-induced corrosion cracking[R]. Laser Science and Technology，2003.

[2] Zhou J Z，Zhang Y K，Zhang X Q，et al. The mechanism and experimental study on laser peen forming of sheet metal[J]. Key Engineering Materials，2006(7):315 − 316,607.

[3] Peng Cheng，Wang Youneng，Andrew Birnbaum，et al. Laser Shaping：laser forming，laser correction，and laser peen forming[D]. Manufacturing Research Laboratory Columbia University,2005.

[4] 倪敏雄,周建忠,杜建钧,等. 激光喷丸技术及其应用[J]. 现代表面技术研究与应用,2005(11):49 − 52.

[5] P O'Hara. Peen-forming：A Developing Technique. Proceedings of the 8th International conference on shot peening（ICSP − 8）. Garmisch-Partenkirchen，Germany，2002:215 − 226.

[6] 曾元松,黄遐,李志强. 先进喷丸成形技术及其应用与发展[J]. 塑性工程学报,2006(3):23 − 29.

[7] 闫林林. 超声喷丸技术及其应用[J]. 制造技术与机床,2010(6):29 − 31.

[8] Zafred P R. High Pressure Water Shot Peening [P]. European Patent Specification：Publication. EP0218354B1，1990.

[9] 吉春和,张新民. 高压水射流对金属材料的喷丸强化及影响因素[J]. 中国水运,2007(4):49 − 50.

[10] Arola D,McCain M L. Abrasive Water jet Penning：A New Method of Surface Preparation for Metal Orthopedic Implants［J］. Biomed Mater. Res. Appl. Biomater，2000,53(5)：536－546.

[11] Arola D，McCain M L，Kunaporn. Water jet and Abrasive Water jet Surface Treatment of Titanium：A Comparison of Surface Texture and Residual Stress［J］. Wear，2002,249：943－950.

[12] Kunaporn S，Ramulu M. Mathematical modeling of ultrahigh－pressure water jet peening［J］. Journal of Engineering Material and Technology，2005，127(2)：186－191.

[13] Kunaporn S，Ramulu M. Residual stress induced by water jet peening：a Finite element analysis［J］. Journal of Pressure Vessel Technology，2004，126(Issue 3)：333－340.

[14] 曾元松,李耐锐,郭和平. 高压水冲击强化技术的研究现状及发展［J］. 塑性工程学报,2008(1)：97－103.

[15] Фудовин,等. 零件表面的液体脉冲射流强化［J］. 国外金属加工,1993(4)：1－5.

[16] Soyama H,Odhiambo D，Saito K. Cavitation shot less peening for improvement of fatigue strength［C］//Proceedings of the 8th international conference on shot peening(ICSP－8)，Garmisch Parten Kirchen，Germany，2002：435－440.

[17] 刘锁. 金属材料的疲劳性能与喷丸强化工艺［M］. 北京：国防工业出版社,1977.

[18] 李国祥. 机翼壁板喷丸成形［D］. 航空航天部第六二五研究所,1989.

[19] Wang Tao，Levers. Finite element impact modeling for shot peen forming,ISPC－8,2002.

[20] Iida K. Dent and affected layer produced by shot peening[C]// Proceeding of the second International Conference on Shot Peening(ICSP2)，Chicago：217－227.

[21] Al-Hassani T S. The Shot Peening of Metals-Mechanics and Structure，SAE Paper No. 821452.

[22] Wang T，Platts M J, Wu J. The optimisation of shot peen forming processes[J]. Journal of materials processing technology，2008(206)：78－82.

[23] Wang Tao. Numerical simulation andoptimization for shot peen forming processes[C]// A dissertation submitted for the degree of Doctor of Philosophy of Cambridge University，2003.

[24] 李国祥.喷丸成形[M].北京：国防工业出版社,1982.

[25] 《航空制造工程手册》总编委会.航空制造工程手册飞机钣金工艺[M].北京：航空工业出版社,1992.

[26] 马泽恩.计算机辅助塑性成形[M].西安：西北工业大学出版社,1995.

[27] 常荣福.飞机钣金零件制造技术[M].北京：国防工业出版社,1992.

[28] Miller J C. Shot Peen Forming of Compound Contours. US Patent 4 329 862,1982.

[29] Grasty L V. Shot Peen Forming[D]. Cambridge University，1992.

[30] Vanluchence R D, Johnson J,et al. Induced Stress Relationships for Wing Skin Forming by Shot Peening[J]. Journal of Materials Engineering and Performance,1995,4(2):283－290.

[31] Levers A,Prior A. Finite Element Analysis of shot peening[J]. Journal of Materials Processing Technology，1998(80/81)：304－306.

[32] Kopp R,et al. Modern Simulation and Optimization of Peen Forming

Processes，ICSP - 5,1993:561 - 572.

[33]　Frank Wüstefeld，Wolfgang Linnemann，Stefan Kittel. Axel Friese KSA Kug-elstrahlzentrum Aachen GmbH，Weststraβe 24，52074 Aachen，Germany.

[34]　Baughman D L. An overview of peen forming technology[C]//Proceedings of the Second International Conference on Shot Peening ICSP2，Chicago，1984:28 - 33.

[35]　Baughman D L,The Evolution of Centrifugal Wheel Shot Peening in the Aerospace Industry and Recent Applications[C]//Proceedings of ICSP 1，Qxford:Pergamon Press,1982:101 - 108.

[36]　International Conference on Shot Peening ICSP2，Chicago，1984:217 - 227.

[37]　康小明.喷丸成形数值模拟研究[D].西北工业大学机电学院,1998.

[38]　Han K，Peric D，Owen D R J,et al. A combined finite/discrete element simulation of shot peening processes，Part II: 3D interaction laws[J]. Engineering Computations,2000，17(5)：680 - 702.

[39]　Van Luchene R D,Cramer E J. Numerical modelling of a wing skin peen forming process [J]. Journal of Materials Engineering and Performance，1996,5(6)：753 - 760.

[40]　Gardiner D S，Platts M J. Towards Peen Forming Process Optimisation [C]//Proceedings of the Seventh International Conference on Shot Peening ICSP 7，Warsaw，Poland,1999:235 - 243.

[41]　Wang T,Platts M J，Levers A. A Process model for shot peen forming [J]. Journal of Materials Processing Technology，2006（172）：159 - 162.

［42］ 康小明.有限元法在机翼整体壁板成形中的应用［J］.中国机械工程，2002，13(2).

［43］ Vaccari J A. Peen forming enters the computer age［J］. American Machinist，1985：91－94.

［44］ Wang T，Platts M J. A computer-aided blank design method for the peen forming process［J］. Journal of Materials Processing Technology 2002(122)：374－380.

［45］ 康小明.窄条喷丸成形的数值模拟［J］.航空学报，2002，23(1)：94－96.

［46］ 乔明杰.条带喷丸成形技术的研究应用［D］.西北工业大学机电学院，2006.

［47］ 胡凯征.基于温度场的喷丸成形数值模拟及工艺优化［D］.西北工业大学机电学院，2006.

［48］ 杨永红，张贤杰，等.气动条带式喷丸成形技术研究［J］.航空制造技术，2008(2)：88－90.

［49］ 吴建军，周维贤.板料成形性基本理论［M］.西安：西北工业大学出版社，2010.

［50］ 严辉，叶声华，等. CAN 总线在车身视觉检测站中的应用［J］.电气自动化，2004(5)：26－28.